国家自然科学基金面上项目(Nos.51174196,41472280)资助

弱胶结软岩巷道围岩灾变机理及锚固效应研究

赵增辉　王渭明　著

中国矿业大学出版社

·徐州·

内 容 提 要

侏罗纪和白垩纪弱胶结软岩在我国西部地区广泛存在,揭示其工程灾害机理并提出防控措施已成为西部地区能源开发、岩土工程建设以及环境治理过程中亟待解决的问题。围绕该问题,本书开展了较系统的研究工作:开展了弱胶结软岩力学测试试验,建立了损伤本构模型和峰后强度演化方程;构建了煤-岩组合体压剪破坏准则,推演了两体交界面应力传递解析式;提出了煤-岩系统产生灾变的能量演化和刚度判断准则;揭示了弱胶结软岩-煤复合围岩的灾变机理及强度、刚度关联性;提出了软岩锚固效应量化分析模型以及临界支护参数;构建了含层理面复合软岩加锚力学模型,推导出了加固效应与围岩变形状态的定量关系;建立了不同软硬组合下复合软岩顶板的计算模型。研究成果对西部岩土工程灾害防控具有重要的指导意义。

本书可供从事岩土工程、矿山工程、水利水电工程、隧道工程等研究领域的科技工作者、研究生、本科生和工程技术人员参考使用。

图书在版编目(CIP)数据

弱胶结软岩巷道围岩灾变机理及锚固效应研究 / 赵增辉,王渭明著. —徐州:中国矿业大学出版社,2020.7

ISBN 978 - 7 - 5646 - 4773 - 5

Ⅰ. ①弱… Ⅱ. ①赵… ②王… Ⅲ. ①煤矿—软弱岩石—巷道围岩—围岩变形—研究②煤矿—巷道围岩—锚固—研究 Ⅳ. ①TD263②TD322

中国版本图书馆 CIP 数据核字(2020)第 131373 号

书 名	弱胶结软岩巷道围岩灾变机理及锚固效应研究
著 者	赵增辉 王渭明
责任编辑	马晓彦
出版发行	中国矿业大学出版社有限责任公司
	(江苏省徐州市解放南路 邮编 221008)
营销热线	(0516)83884103 83885105
出版服务	(0516)83995789 83884920
网 址	http://www.cumtp.com E-mail:cumtpvip@cumtp.com
印 刷	江苏凤凰数码印务有限公司
开 本	787 mm×1092 mm 1/16 **印张** 13.25 **字数** 253 千字
版次印次	2020 年 7 月第 1 版 2020 年 7 月第 1 次印刷
定 价	49.00 元

(图书出现印装质量问题,本社负责调换)

前　　言

我国西部大开发"十三五"规划的实施以及"一带一路"建设的带动作用，西部铁路、公路、大型水利枢纽、能源等重大工程和基础设施建设项目得到迅猛发展。弱胶结软岩在我国西部分布非常广泛，由于特殊的成岩环境和沉积过程，形成了极不稳定的力学特征（强度低、易风化、遇水后极易软化和崩解），开挖后岩质迅速劣化，导致巷道大冒顶、高片帮、严重底鼓等工程事故频繁发生。因此，弱胶结软岩工程灾变机理及防治问题是西部岩土工程建设中亟待解决的问题。同时，保障西部各类水电资源开发、交通隧道建设及地下空间开发利用等岩土工程建设的有序进行，特别是煤炭地下开采的安全性，亦是国家区域协调发展战略的需要。

本书以西部典型矿区弱胶结软岩和煤巷为研究对象，综合利用理论、试验与数值模拟手段，对弱胶结围岩的本构关系、损伤机制、强度理论、灾变机理、锚固效应等方面展开了系统研究。弱胶结软岩取芯率低、试验难度大，因此研究成果非常少。本课题的研究，预期可以较全面、系统地掌握弱胶结软岩的基本物理力学性质，揭示其力学本质和强度特征，为其深入研究奠定理论基础，为软岩工程学科领域增添新理论模型。由于缺乏理论指导，煤矿井巷支护的关键技术问题得不到有效解决，巷道稳定控制和安全维护困难、对策难求，严重威胁生产安全，工程建设成本和维护成本大幅度上升，这是我国西部煤矿开发中遇到的新难题。本课题不仅可为解决此问题奠定理论基础，而且其研究成果也可为西部煤矿建设和安全生产提供指导意义。

本书总结了作者近年来积累的弱胶结软岩方面的研究与工程实践成果，同时广泛参阅了前人的研究成果。本书共有8章：第1章为绪论；第2章介绍了弱胶结软岩、煤的破坏形态及变形规律，并建立了损伤本构关系;第3章介绍了煤-岩组合体的"复合强度准则"及界面学特性;第4章介绍了不同界面效应下煤-岩组合体破坏的强度和刚度关联性,提出了灾变破坏准则;第5章介绍了弱胶结软岩-煤复合围岩灾变机理,建立了损伤演化方程;第6章提出了围岩锚固效应的量化分析模型;第7章建立了复合软岩顶板锚固效应的解析模型,分析了穿层锚杆的载荷传递规律;第8章进行了全书的总结与展望。

本书在写作过程中参阅了大量的国内外关于力学理论、力学试验、工程地质及数值模拟等方面的书籍和文献,在此向这些作者表示感谢。衷心感谢高晓杰、孙伟等同学在本书校核中的辛勤工作,以及山东科技大学矿山灾害预防控制省部共建国家重点实验室等单位的大力支持。

由于作者水平有限,书中难免存在不足之处,恳请读者批评指正。

作 者

2020 年 3 月

目　　录

第1章　绪　　论

1.1　研究背景和意义

1.1.1　研究背景

我国东部矿区由于长时间开采,浅部煤炭资源逐步枯竭,现有未开发煤炭资源埋深大多超过1 000 m,已无法满足日益增长的需求量。西部地区作为我国煤炭资源储量和生产较集中的地区,其煤炭资源储量占全国煤炭资源储量的36%,西部大开发规划的12个省(自治区)中,新疆、内蒙古和陕西等煤炭资源储量可观,是我国未来主要的煤炭供应地区。因此,综合考虑资源分布、市场需求等因素,我国煤炭工业发展"十二五"规划提出[1]:未来煤炭资源开发整体格局是"控制东部、稳定中部、发展西部",将在西部重点推进大型煤炭基地的资源整合,有序建设一批现代化大型矿井。西部地区作为我国煤炭资源的主产区,"十三五"期间新开工规模约占全国的87%,煤炭基地开发将向内蒙古、陕西、新疆进一步集中。此外,随着我国西部大开发"十三五"规划的实施以及"一带一路"建设的带动作用,西部铁路、公路、大型水利枢纽和能源等重大工程和基础设施建设项目得到迅猛发展。国家"十三五"规划关于区域协调发展总体布局已把深入实施西部大开发战略放在优先位置。因此,保障西部各类水电资源开发、交通隧道建设及地下空间开发利用等岩土工程建设的有序进行,特别是煤炭地下开采的安全性,是国家区域协调发展战略的需要。

大量的地质勘探资料表明,西部矿区岩层多以白垩纪、侏罗纪软岩为主[2],如新疆伊犁一矿、伊犁四矿,以及内蒙古门克庆煤矿、五间房矿区、鲁新煤矿等,其煤层顶底板多为碳质泥岩、细砂岩、泥岩、粉砂质泥岩等弱胶结软岩。与东部地区的石炭纪、二叠纪岩石岩性不同,此类软岩物理力学性质独特,在天然状态下较完整,具备一定的原始强度,但易扰动、易风化、遇水易泥化和崩解,大部分岩石以泥质胶结为主,岩性较差,此外,各软岩层间的黏结性较差,导致复合围岩的整体稳定性不强。东、西部地区煤层赋存地质条件的明显差异,导致东部矿井建设过程中积累的大量理论成果和工程经验已不能满足西部矿井建设的需要,这给西部矿井建设提出了新的课题。

由于弱胶结软岩易扰动、稳定性较差,岩巷施工和维护困难,西部煤矿主要巷道都布置在煤层中。尽管如此,巷道施工过程中也出现了一系列围岩不稳定和灾变问题,主要表现为:① 煤巷开挖后顶板产生弱冲击,即从顶部煤层或岩层中发出巨响,接着就是松动、掉煤块,甚至大冒顶,但鲜见煤块弹射或煤体抛掷(突出)现象;② 顶板岩层中含有强度相对较低的软弱岩层,易发生顶板离层,难以形成稳定的复合软岩顶板结构,导致巷道两肩以上的顶板范围出现断裂滑移面,在巷道内形成天窗;③ 软岩的弱胶结特性导致岩体难以紧密裹抱锚杆,锚固剂与围岩之间的抗剪强度较低,导致锚杆松脱,或者巷道围岩大变形导致锚杆受力过大而被拉断。这些问题造成巷道建设成本和维护成本大幅度上升,严重制约西部煤矿高效、安全生产,是西部煤矿生产中亟待解决的问题。

煤巷施工过程中出现的一系列围岩灾变问题与围岩的不稳定力学行为及成岩环境有关:① 巷道开挖后,由于围岩应力状态改变,巷道附近一定范围内岩体质量迅速劣化,围岩工作在峰后应变软化阶段,承载能力急剧下降;② 顶板弱冲击现象具有"岩爆"基本特征,但未见岩体或煤体动力抛出,因此具有应变软化失稳特征,即在一定深度处围岩产生了非稳定破坏,这种弱冲击现象与弱胶结软岩煤系地层的特殊岩层结构有关(如各岩层间的刚度匹配关系、强度匹配关系以及厚度效应等);③ 巷道围岩产生的大变形除了与岩体自身的弱力学性能有关外,还与各岩层间的黏结状态有关,这种黏结状态决定了顶板、底板及两帮围岩表现出来的结构效应以及整体稳定性;④ 锚固体周围应力集中导致附近岩体裂隙发展,锚杆松弛失效或断裂,这与围岩大变形导致锚杆受力产生累加效应和锚杆-围岩的相互作用机制有关。

因此,针对以上问题,笔者以西部典型矿区为分析对象,对弱胶结软岩巷道围岩的基本力学行为、损伤、非稳定破坏、灾变机理以及锚固效应等进行研究。

1.1.2 研究意义

软岩在我国煤系岩层中分布广泛,受复杂的地质环境影响,其力学性质呈现多样性,本构关系和工程岩体强度以及灾变机理、锚固效应的确定等存在难以解决的理论问题和试验问题,国内外众多学者、工程技术人员为之探讨了半个多世纪,虽然取得了辉煌的成就、解决了许多工程问题,但是理论研究还是满足不了工程实践的需求。因此,至今有关软岩的本构关系及其工程力学特性的研究仍然是一个非常艰难,却非常重要的学科研究方向。

本书旨在针对西部煤矿生产中的一些关键科学问题展开研究,从而为西部弱胶结软岩矿区巷道稳定性预测、治理及其支护设计提供科学依据。相关研究成果具有如下重要意义:

(1)有重要的理论意义。弱胶结软岩由于岩石取芯率低、试验难度大,研究成果非常少。本书预期可以较全面、系统地掌握弱胶结软岩的基本物理力学性质,揭示其力学本质和强度特征,为深入研究奠定理论基础,为软岩工程学科领域增添新理论模型。

(2)有重要的应用价值。由于缺乏理论指导,煤矿井巷支护的关键技术问题得不到有效解决,巷道稳定控制和安全维护困难、对策难求,严重威胁生产安全,工程建设成本和维护成本大幅度上升,这是我国煤矿西部开发中遇到的新难题。本书不仅可以为解决此问题奠定理论基础,而且可以为西部煤矿建设和安全生产提供指导意义。

1.2　国内外研究现状分析

1.2.1　弱胶结软岩应变软化行为研究现状

岩体的应变软化是由变形增加引起的峰后力学性能劣化现象,在弱胶结软岩中尤为突出。软岩井巷开挖后,围岩在一定范围内已经产生损伤破裂,但是其整体却是稳定的,这说明岩体破裂后仍具有一定的承载能力。部分处于应变软化状态的围岩对巷道稳定性起着关键作用。因此,研究应变软化现象的本质和规律对于弄清岩石破裂后承载能力的形成机制和制约因素具有极其重要的意义。

长期以来,岩石的塑性应变软化特性作为岩石从初始破裂到最终失稳过程中出现的一种既复杂又非常重要的力学现象,引起了广大岩石力学工作者的极大兴趣和重视。通过研究,岩石力学工作者们得出了较多有益的结论。从总体研究思路来看,大致分为四类:

第一类是基于岩石应变软化的宏观效应,将岩石内部损伤和裂隙扩展平均化和分布化,利用完备的连续介质力学理论建立岩石的塑性应变软化连续力学模型。在弹塑性软化行为方面,如针对硅藻质软岩建立的应变空间弹塑性本构方程[3-4];基于裂隙损伤有效应力理论,研究峰后软岩的应变软化特性和渗流特性[5];基于硬岩和软岩三轴试验数据,提出能描述围压效应的软硬岩峰后软化及剪胀变形的应变软化模型[6-7];基于损伤力学和断裂力学开发裂隙岩体应变软化损伤本构方程[8];针对不同类型的完整岩石,建立可模拟应变硬化、应变软化以及刚度劣化现象的损伤塑性模型[9];也有学者通过建立概念模型,利用数值试验比较分析了弹塑性模型和应变软化模型岩体力学响应之间的区别[10]。在黏弹塑性本构方面,相关学者利用材料结构黏滞系数的衰减过程来反映材料中裂隙的产生和扩展演化,并将其嵌入黏弹塑性本构模型中,较完整地反映了材料应力-应变全过程曲线的硬化-软化特征以及峰值强度和残余强度[11];还有学者结合三轴压缩试验数据,构建了能综合描述软岩的应变软化、流变和中间主应力特性的黏弹塑性本构模型,这些模型通过二次开发,已应用到软岩巷道变形破坏特征及支护效应分析中[12-14]。

第二类是通过引入微元强度损伤变量,从统计损伤角度描述软岩的应变软化行为。很多学者从岩石材料内部所含缺陷分布的随机性出发,假设岩石微元强度服从威布尔(Weibull)随机分布,通过引进概率型损伤变量,分别建立了岩体的各向同性统计损伤本构模型[15-25];针对岩石的体积变化和残余强度,有学者通过对勒梅特(Le Maitre)应变等价性理论进行改进,或者将岩石微元抽象为由孔隙、未损伤与已损伤材料三部分构成,利用孔隙率反映岩石体积变化,已损伤部分强度即残余强度,建立了能够反映岩石变形全过程的统计损伤模型[26-28];基于莫尔-库仑强度准则和统一强度理论分别建立的考虑损伤阈值的岩石统计损伤本构模型[29]和复杂应力状态下的统计损伤本构模型[30],能较好地预测软岩的应力-应变关系,特别是应变软化行为。

第三类是从峰后应变局部化角度研究岩体的应变软化行为。该理论认为岩体的破坏首先从某一单元开始,然后逐步向相邻的单元扩展,导致其在某个区域内产生破裂面,此即为局部化剪切带,此时带内岩体由于力学参数劣化而产生应变软化行为,局部化剪切带进一步发展将导致岩体的总体失稳。很多学者从功能原理出发,分别建立了岩体的应变局部化本构模型,并讨论了局部剪切带内岩体的峰后刚度劣化现象[31-33];从局部化角度建立的岩石在剪切破坏模式下的强度准则和岩石渐进破坏理论模型,以及基于摩擦强化和损伤弱化思想建立的岩土摩擦局部化渐进损伤本构模型,能较好地将岩石的渐进破坏细观特征与宏观应变软化力学特性相结合[34-36]。以上所得结果对于探索岩体的内部破裂损伤机制非常有效,但难进行工程应用。

第四类是从岩石裂隙扩展贯通的微观角度,通过现场测试和室内试验相结合的方法,研究岩石在峰值强度以后产生应变软化特性的本质机制。该研究认为岩石的宏观力学行为与其微观结构有密切关联,岩石的宏观破裂是微观破坏扩展、贯通的渐进破坏过程。如采用全息干涉法和纤维观测法,从微裂隙、微孔洞等细观尺度讨论变质砂岩的损伤演化规律与宏观变形特性[37-39];通过三轴剪切试验,采用扫描电镜图像分析碳酸盐岩微裂隙压密、产生和稳态扩展及宏观断裂破坏的整个发展过程[40]；通过捕捉砂岩单轴压缩全过程的声发射事件能量、振幅和频度等，用声发射来表征岩石的微观损伤演化[41]；采用数字图像处理技术获得岩土工程材料的真实细观结构，实现数值计算模型与材料真实细观结构的耦合分析[42-46]；通过分析岩石破裂过程声发射、红外辐射变化规律，从内部损伤和表面损伤两个角度，建立岩石损伤变量解析表达式[47]；考虑岩石的不均匀性、各向异性，在超声波透射型探测和射线追踪成像理论基础上构建岩石损伤探测成像方法，为岩石损伤区域圈定及发展、岩石损伤多指标量化评价和损伤演化与声发射关系研究奠定基础[48]。从研究方法的完整性角度看，只有将宏观与微观相结合，才能全面掌握岩石的应变软化行为。

1.2.2　弱胶结软岩强度参数损伤演化研究现状

岩体的应变软化行为除了与峰值点和残余阶段的力学参数有关外，还与峰后应变软化阶段的力学参数演化行为有关。处于应变软化状态的围岩，若变形继续增大，岩体强度会不断降低，可能会诱发突然的非稳定破坏，造成重大安全隐患。峰后岩体力学参数的演化行为决定了峰后岩体应力的跌落方式。从本质上讲，岩体的应变软化行为实际上是岩体强度和刚度参数不断劣化的表现。因此，开展峰后岩体力学参数的演化规律研究，对于深刻理解岩体峰后的力学行为和工程安全预测具有重要的理论意义和实践意义。

岩体的峰后应力-应变曲线形态实际上包含了力学参数演化的信息。目前对于岩体峰后力学参数演化规律的研究主要采用以下方法：一是直接采用室内试验方法。如利用不同围压压缩试验分析完整岩样和损伤岩样在二次破坏中抗压强度的衰减规律[49]；通过软岩的加卸载试验发现其峰后强度参数呈指数规律衰减[50]；利用直剪试验获取不规则岩块的强度参数变化规律[51-53]；针对水致劣化，采用室内模拟高温季节环境条件，研究砂岩"烘干-吸水"循环作用下的质量劣化和抗剪强度参数的变化规律[54]；结合室内单轴压缩和离散元揭示砂岩微观力学参数的变化规律[55]；通过对不同杂质含量的盐岩进行三轴加载试验，揭示盐岩的破坏模式和力学参数随围压和杂质含量的变化规律[56]。由于室内试验研究结果受试验条件影响，岩样力学性质离散性较大，因此研究结果缺乏通用性。二是采用完备的连续介质力学理论，从宏观效应角度建立岩体的应变软化模型，如指数形式或幂函数与指数函数混合形式的岩石塑性软化模型[57-58]。这些理论研究的不足是因为对力学参数的损伤演化规律做了较多的简化，分析结果与实际有差距。因此，有学者基于塑性势理论，利用常规三轴压缩试验数据拟合后继屈服面，提出用广义黏聚力和广义内摩擦角表征后继屈服面，并分别研究了花岗岩及软岩强度参数与峰后应变软化参量的关系[59-60]；将峰后内摩擦角表征为应变的函数,导出了峰后切线模量与应变的关系[61-62];基于峰后脆性的退化角建立了岩石的峰后应变软化模型[63];基于莫尔-库仑破坏准则和广义莫尔-库仑准则,提出了描述刚度劣化程度的新参数,将峰后黏聚力和峰后内摩擦角假设为塑性剪切应变的函数,建立了岩石峰后应变软化模型[64-66];发现岩土材料在峰值荷载后通常表现出应变软化特性,所以在砂质泥岩三轴试验的基础上提出了一种简单的弹塑性应变软化损伤模型[67]。三是采用数值计算方法。如采用数值试验获取强度参数演化过程与峰后应力-应变曲线的关系[68-70];利用塑性势理论建立考虑峰后变形模量和强度参数劣化的应变软化模型[71];基于强度折减法获得围岩失稳的变形预警值,提出快速判别围岩稳定状况的新方法[72];基于细观损伤力学和离散元方法分析岩土类胶结材料的胶结破损规律,以及岩体卸荷过程中强度参数和刚度参数的衰减规律[73-75];通过室内试验获取岩石力学参数的衰减规律,通过二次开发实现岩石力学参数的动态修正[76-77]。以上成果均是在假定力学参数服从一定衰减规律的基础上得到的,与实际有较大差距。

1.2.3 岩体非稳定破坏研究现状

软岩冲击具有时间性、局部性、频度小、难发现、易控性和扰动性等特点。软岩巷道开挖后,虽然围岩应力具有较高的量值,并且使巷道收缩达几十厘米甚至几百厘米,但是由于外力功大部分消耗于塑性变形,储存于围岩中的弹性应变能很少,软岩的这种高卸压作用和强度劣化导致的整体破碎性使其不具备发生大范围冲击地压的能量条件。即使存在冲击现象,发生范围一般波及巷道范围从数米到十几米,不会像硬岩冲击地压那样波及几十米。因此,软岩体的冲击破坏实际上是围岩应变软化造成的力学上的失稳现象。然而这种失稳现象也会造成围岩从渐进破裂转向突发破坏,给巷道安全带来巨大隐患。软岩冲击具备冲击地压的基本特征,以下从其产生机理角度对岩体非稳定破坏研究现状进行总结。

1.2.3.1 强度理论

强度理论以围岩的各种应力强度准则作为冲击产生的判据。岩爆为一渐进破坏过程,其形成过程可分为劈裂成板、剪断成块、块片弹射三个阶段[78];岩爆机制是低应力条件下的脆性断裂和高应力条件下的剪切断裂,分别服从不同的强度准则[79-80];洞壁表面岩石弹射型岩爆破坏机制多为张拉脆性断裂,属于低能量吸收断裂形式[81];有学者提出可释放应变能释放是材料屈服破坏及岩爆发生的内在机制,故从能量转化的角度分析了现有强度准则与岩爆判据存在的不足之处,并以现有强度准则为基础建立了强度准则与岩爆判据统一表示的广义强度准则[82];也有学者发现岩爆灾害本质上属于"静应力+动力扰动"的动静组合加载力学问题,提出了基于动静能量指数的岩爆动力判据和控制思路[83];工程人员通过对川藏公路二郎山隧道和雅砻江锦屏二级水电站引水隧洞岩爆实例进行调研,总结出岩爆形成的力学机制主要有压致拉裂、压致剪切拉裂、弯曲鼓折等几种基本类型[84];基于地应力实测结果,采用霍克(Hoek)判据、多尔恰尼诺夫(Turchaninov)判据、鲁森斯(Russenes)判据和工程岩体分级标准等 4 种判别方法可进行岩爆预测,并分析发生岩爆的临界深度[85-86]。

实际上,在井巷与采煤工作面的围岩和矿体中,局部集中应力超过长期强度的情况经常出现,但并不总是发生岩爆,这说明强度理论针对岩爆发生条件提出的判据是不充分的,其忽略了岩爆最主要的动力学特征,不能准确解释岩块(片)的弹射机理,容易将围岩的一般脆性破坏与具有弹射特征的岩爆破坏相混淆。

1.2.3.2 刚度理论

刚度理论是 Cook、Hudson 等[87-88]由刚性试验机理论得到的,该理论认为当试验机刚度小于试件后期变形刚度时,则发生突然的失稳破坏;耿乃光等[89]也发现了岩石破裂失稳的刚度效应;潘一山等[90]采用橡胶、松香组合成的脆性体模拟岩爆,从刚度特性方面提出了岩爆模型。

由于没有考虑到矿山结构与矿山负载系统本身可以储存和释放能量,矿山结构与矿山负载系统的划分及其刚度的概念并不十分明确,因此刚度理论不能十分清晰地揭示岩爆发生的机理。

1.2.3.3 能量理论

能量理论是 20 世纪 60 年代由 Cook 等[91]在总结南非 15 年岩爆研究与防治经验的基础上首先提出的,他们认为当岩体-围岩系统在力学平衡状态破坏,且系统释放的能量大于消耗的能量时即产生岩爆,岩石中积累的弹性应变能是岩爆发生的内部主导因素。随后相继出现了各种不同的能量理论。我国学者采用不同的手段,针对不同岩爆特征提出了很多能量判据和准则,如能量形式的断层失稳准则[92-93],从岩石全应力-应变曲线的角度提出了岩爆的能量指标[94],关于岩爆发生的能量积聚、地质弱面的能量释放和工程释放等三条定律[95],结合圆形硐室的应力状态分析发生岩爆的地下硐室围岩的应力状态及相应的灾变位置[96],通过岩石峰前、峰后卸围压试验提出新的能量判别指标[97-98],利用耗散结构理论与尖点突变模型获取深部岩爆等围岩体突然失稳的评价指标[99]、能量均匀化调控理念[100],考虑能量判断系数的岩爆预测方法[101]等,也有学者以单轴压剪破坏为例研究了岩石破坏过程的各种能量传递、转化关系,计算了压剪破坏后岩石释放的各种能量占总变形能的比例[102],针对硐室层裂引起的岩爆问题,指出岩体抗拉强度同样影响着块体速度的大小[103]。

能量理论解答了岩爆的能量问题,较好地解释了地震和岩石抛出等动力现象,但是未考虑时间和空间的因素,缺乏量化的指标,难以在实际情况中确定与岩爆破裂岩体相关的围岩体范围,从而难以计算参与岩爆破坏的能量。因此该理论较难用于实际岩爆预测。

1.2.3.4 冲击倾向性理论

冲击倾向性理论是以实验室实测岩体的物理力学性质指标为依据,对岩爆的发生进行预测。该理论认为介质实际的冲击倾向度大于所规定的极限值时,即产生岩爆。岩爆发生倾向度可由许多参数(主要有弹性应变能指数、脆性指数、脆性破坏系数、有效冲击能指数、极限能比、极限刚度比等)量度。岩体具有冲击倾向性是产生冲击破坏的固有属性,是发生冲击地压的必要条件。研究人员通过煤-岩复合模型试验证明了顶板厚度及结构特征对煤层冲击的影响,认为厚层砂岩顶板易发生冲击地压,岩层越厚,冲击地压的强度越大[104];煤-岩组合体在不同组合方式下的强度及变形破坏特征不同,对冲击倾向性有较大影响[105]。窦林名等[106]提出用"动态破坏时间""弹性能指数""冲击能指数"三项指标综合判别煤岩冲击倾向的试验方法;蔡朋等[107]分析了Ⅱ型全过程曲线在研究岩爆中的作用,提出了一种新的基于Ⅱ型曲线岩爆倾向性指标。冲击倾向性是岩体固有的物理属性,因此单纯以冲击倾向性理论来判断岩爆能否发生显然有其片面性。

我国学者把强度准则视为煤岩的破坏准则,作为冲击地压发生的必要条件,把能量准则和冲击倾向性理论视为煤岩突然破坏的准则,作为冲击地压发生的充分条件,提出了同时满足产生冲击地压的必要和充分条件的"三准则"理论[108],但由于模型需要确定的参数太多,在实际应用中无法实施。"三因素"理论认为岩体的内在因素、力源因素和结构因素是导致冲击地压发生最主要的三个因素[109-110]。

1.2.3.5 断裂损伤理论

该理论从岩石的微观特性入手,对岩爆由量变到质变的过程作出了解释。从断裂、损伤的观点看,岩爆是岩体中的既有裂隙在开挖条件下扩展并伴随能量释放的过程,岩爆不是岩石基质破损的属性,而仅仅是早已存在的小断裂的扩展。

Hsiung等[111]认为,诱发岩爆的条件包括高地应力、岩体的高强度及存在自由表面,岩爆和任何岩石在应力作用下发生失稳的机制是一致的,都要经历微裂隙的扩展、结合与累积的过程。很多学者结合断裂力学与损伤力学理论系统解释了岩爆的形成机制,提出了岩爆判据和力学模型,如针对地下硐室岩爆的脆性断裂判据[112-113]、脆性岩石岩爆损伤能量指数[114]、考虑裂纹闭合效应和裂纹相互作用的岩体压剪细观损伤力学模型[115]、隧道围岩应力强度因子等值线[116]、硐室发生岩爆的临界载荷及临界损伤区[117-118]。还有学者应用断裂、损伤理论,从岩石颗粒的排列、颗粒间的连接以及微裂隙的分布及扩展方面探讨岩石结构特征对岩爆烈度的影响规律[119]。针对滑移型岩爆,采用岩块间交界面滑移的理论模型和能量变分原理推导得到断裂滑移型岩爆发生的必要条件[120-121],认为岩爆是由平行于自由表面的裂纹扩展造成的[122]。统计损伤理论可有效分析不同均质度岩石岩爆的临界敏感性[123-124]。

　　断裂损伤理论在岩爆孕育和发生机理研究中,取得了许多创新成果。该理论对岩爆发生机理有较深刻的理解,促进了工程问题的解决。但目前的研究一般集中在高应力状态下的较坚硬岩体的冲击方面,对弱胶结软岩冲击问题的研究鲜有报道。

1.2.3.6　失稳理论(动力扰动理论)

　　失稳理论是将围岩看成一个力学系统,将岩爆当作围岩组成的力学系统的动力失稳过程,即岩爆的发生是围岩组成的变形系统由不稳定状态变成新的稳定状态的过程。岩爆发生的过程也可以看作岩体力学系统的动力失稳过程,因此,各种失稳理论及模型也被应用于岩爆的研究。如运用毕渥(Biot)表面失稳理论对脆性煤体自由表面处发生的煤爆破坏形式进行分析[125];采用顶板-脆性弹簧的失稳模式研究板裂结构的破坏[126];提出煤岩体变形系统控制量、扰动量和响应量的概念,认为煤岩变形系统扰动量、响应量存在临界指标,临界指标由控制量决定[127];建立多场耦合分析与微震监测相结合的岩体失稳预警模型[128];基于能量失稳准则建立统一失稳理论[129];在应用失稳理论对岩爆进行研究时,将岩体结构视为一个系统进行分析,与传统的方法相比更合理[130];利用动态光弹性方法可研究冲击载荷下模型内应力波的传播、相互作用以及刻槽的拦截效应,探讨岩爆的动力学机制问题[131]。

　　岩石动力失稳的数学模型十分复杂,它涉及失稳理论、变分理论、灾变理论等一系列前沿学科,有人认为失稳理论的发展是近代岩石力学的一个重要标志,预示着岩爆失稳理论的研究方向。

1.2.4　煤-岩组合体力学行为研究现状

　　弱胶结软岩煤巷的稳定性与煤-岩组合结构表现出来的整体力学行为有关。很多矿山灾害表现出煤-岩整体变形和破坏失稳特征。目前对于围岩力学行为的研究大多集中于煤、岩单体,对煤-岩组合体的整体力学行为研究还不成熟。作为岩体和煤体的固有力学性质,冲击倾向性指标是判断冲击破坏发生概率及危险性的主要手段之一。对于巷道围岩系统,各岩层间的岩性差异导致能量传递和位移变形不连续,其冲击性与煤、岩层的结构特征和组合方式有密切关系。因此,从煤-岩组合体角度进行研究更能反映冲击地压的孕育机理和致灾本质。

在试验研究方面,研究人员分析了煤、岩单体及煤-岩组合体的强度特征、尺寸效应、冲击倾向性、破坏过程能量演化特征,并结合声发射、声电效应以及微震频谱分析对单体及组合体变形破裂规律和破坏前兆信息进行了讨论[132-152],结果表明组合体模型的冲击倾向性随岩石单元的高度增加而增强,煤、岩界面倾角对组合体整体强度影响较大,煤样含量对组合体的弹性模量、强度以及冲击倾向性指标均有影响,岩-煤-岩三元体的三轴抗压强度明显高于二元体的三轴抗压强度,并随着围压升高逐渐趋近,煤-岩和岩-煤两种二元体模型的力学行为相近,提出了通过弱化煤-岩组合体强度达到降低冲击倾向性的强度弱化控制机理。Petukhov 等[153]对顶底板-煤体组成的两体系统的稳定性进行了研究;姜耀东等[154]考虑冲击失稳中的摩擦滑动现象,采用双轴加载系统对砂岩-煤组合试样进行双面剪切摩擦试验,对位移场的时空演化规律和滑动过程伴随的声发射特征进行了研究;Du 等[155]对煤-岩组合体的损伤进行了理论分析,并对煤岩系统在不同情况下失稳破坏的物理试验和数值模拟进行了分析。

在数值模拟方面,研究人员分别利用岩石破裂过程分析(RFPA)系统和快速拉格朗日差分分析法(FLAC)建立了煤-岩两体和软-硬两体模型,对组合体的破裂过程进行了数值模拟,并对组合体的失稳前兆、弹性回弹、应变局部化以及尺寸效应进行了讨论[156-170];Zhao 等[171-172]分析了软岩-硬煤-软岩三元组合体的应变局部化现象和损伤演化过程。Liu 等[173]利用颗粒流程序(PFC)建立了不同高度比的煤-岩组合体数值模型,研究了不同煤-岩组合体的力学性能和声发射特性,讨论了煤-岩组合体的损伤本构模型。

在理论研究方面,很多学者采用突变理论研究两体系统的失稳问题,如:针对煤(矿)柱受载失稳发生冲击矿压(岩爆)的尖点突变模型[174];针对弹性坚硬顶板和应变软化煤柱组成的力学系统,用尖点突变模型研究系统的演化失稳过程[175];针对两体系统动力失稳的折迭突变模型[176-177];基于脆性指数与突变理论建立的煤岩体损伤折迭突变模型以及煤岩体损伤能量释放量模型[178]。

以上研究成果多集中于煤-岩组合体的宏观强度及破坏特征,很少涉及煤、岩界面效应对组合模型力学行为及其整体失稳特征的影响,所得结论与实际有一定偏差。

1.2.5 软岩巷道围岩锚杆锚固效应研究现状

锚杆支护可充分调动周围岩体自身的强度,显著提高围岩承载能力,已经成为解决复杂岩土工程稳定问题最有效的加固方式之一。目前国内外关于锚固的理论研究主要集中在两个方面[179]:一是锚固体与围岩之间的载荷传递机理;二是锚杆对围岩的加固效应。

1.2.5.1 锚固体-围岩载荷传递机理研究

锚固体到围岩的载荷传递要穿越两个交界面,首先依靠杆-浆之间的交界面黏结力和摩擦阻力,将载荷从锚杆传递到灌浆体中,然后再由浆体-岩石交界面将载荷传递到围岩。由于锚杆本身强度很高,因此目前的研究主要集中在第二个交界面荷载传递以及浆体本身的性质上,研究目的是弄清锚固体-围岩交界面的载荷分布规律以改善锚固体向围岩的传力机制并防止锚固体失效破坏。

目前,比较有代表性的锚固体-围岩载荷传递模型主要有以下几类:

第一类假定锚固体-围岩交界面剪应力均匀分布。该理论认为,交界面传递的剪应力沿锚杆长度方向均匀分布,锚固剂和岩石之间无滑移。这一理论主要在载荷传递机理研究初期形成,后来大量的研究成果[180-181]已经表明锚固剂的黏结力具有严重的不均匀性。

第二类认为锚固体-围岩交界面剪应力按照不同函数模型呈非均匀分布。加拿大 Phillips[182]通过拉力型锚杆的拉拔试验得出锚固体-围岩交界面剪应力在锚固长度上呈指数分布:

$$\tau_x = \tau_0 e^{-\frac{Ax}{d}} \tag{1-1}$$

式中　d——锚杆直径;

A——常数;

x——距锚固近端的距离;

τ_0——锚固近端的极限剪应力。

该模型认为锚固体-围岩交界面剪应力从锚固近端到远端呈衰减变化,并且在锚杆近端剪应力最大,该结论已被大量试验结果[183-184]推翻,全长黏结锚杆锚固段的最大剪应力位置并不在锚杆端部,而且式(1-1)未涉及剪应力与锚固介质力学参数之间的关系。因此,很多学者进一步从理论分析、试验模拟和数值计算等方面对锚固体的载荷传递机理进行了研究。如从局部变形理论或勒夫(Love)位移与应力函数出发建立的交界面轴向和剪力计算方程表明沿锚杆长度轴力和剪力均呈双曲线分布[185-187];有关拉拔试验结果表明端锚锚杆轴向应力在静荷载下呈三角形分布,在动荷载下呈负指数分布,随着锚固长度增加,交界面发生破坏的阈值变大,锚固段内对于外载荷的响应范围增加[188-189];数值模拟方法具有很好的适应性,研究人员针对预应力单、群锚体系作用下锚杆各段的受力以及剪应力分布进行了三维数值分析[190],通过拉拔数值模拟实验分析了锚杆及锚固剂的应力分布及失效影响因素[191],建立了软-硬二介质组合岩体和压力分散型锚索的三维数值模型,获得了压力分散型锚索结构发挥最大锚固效应的最优化布置方案[192],基于量化的地质强度指标(GSI)围岩评级系统,分析了全长黏结锚杆在不同长度及本构模型下的受力特点,获得了不同预应力下锚杆轴力及剪力的演化特征[193]。尤春安利用明德林(Mindlin)半空间问题的位移解和开尔文(Kelvin)问题的位移解,分别推导了表面锚固(全长锚固)锚杆和内锚固锚索锚固段的剪应力分布弹性解,其中全长黏结锚杆界面的剪应力分布方程为[194]:

$$\tau = \frac{p}{\pi a}\left(\frac{1}{2}tz\right)\exp\left(-\frac{1}{2}tz^2\right), t = \frac{1}{(1+\nu)(3-2\nu)a^2}\left(\frac{E}{E_a}\right) \quad (1\text{-}2)$$

式中　p——锚杆拉拔力;

　　　a——锚杆杆体半径;

　　　z——距自由端距离;

　　　E——岩体弹性模量;

　　　ν——岩体泊松比;

　　　E_a——锚杆杆体的弹性模量。

由式(1-2)可知,全长黏结锚杆的最大剪应力位置应在 $z=1/\sqrt{t}$ 处,剪应力分布呈先增后减的变化规律,剪应力分布的均匀性与岩体及锚杆参数密切相关。

第三类为剪应力分布的"中性点"理论。该理论认为全长黏结锚杆可由中性点划分为两段[195]:第一段为锚杆端部到中性点,称为"黏结段",在该段锚杆限制围岩向巷道临空面的径向位移,因此作用在锚杆上的剪应力指向巷道中心;第二段为中性点到锚杆锚头,称为"锚固段",在该段内围岩对锚杆施加约束作用,限制其向巷道方向滑移,因此作用在锚杆上的剪应力指向围岩深处。中性点的特点是:在该点作用在锚杆上的剪应力方向发生改变,该点处剪应力为0,锚杆的轴力在该点达到最大值,并且锚固体和围岩具有相同的位移,如图1-1所示。

由于该理论比较合理地解释了地下工程围岩与锚杆的相互作用机制,在岩土界得到了广泛的认可,但是它难以解释锚杆远端的断裂问题。已有研究认为[196],中性点的位置与锚杆垫板有关,存在"垫板效应"。

1.2.5.2　加锚围岩强化效应研究

锚杆支护的目的是加固围岩,提高巷道的稳定性,因此从围岩的加固效应角度来研究锚固机理更能体现锚固效果。目前对加固效应的理论研究主要从以下几个方面展开:

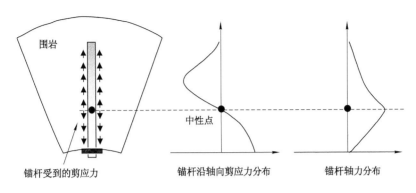

图 1-1　中性点理论锚杆受力图

　　一是从结构力学角度阐述锚固效应。如锚杆支护的悬吊理论、组合顶板理论、组合拱理论[197]。悬吊理论认为锚杆支护的作用是将松动破碎围岩悬吊在稳定的岩层上,防止破碎区围岩垮落;组合顶板理论主要适用于由层状岩体组成的巷道顶板,锚杆的作用是将各层状岩体串联在一起形成组合顶板,提高顶板的整体抗弯曲能力,控制各岩层的离层及层间剪切滑动;组合拱理论充分考虑了锚杆支护的整体效果,认为锚杆的作用是改善承载破坏区的应力状态,当锚杆间距足够小时,各根锚杆的共同作用效果就是在围岩的破坏区形成了具有一定厚度和强度的压缩带,由于带内岩体处于三向应力状态,承载能力得到大幅度提高。这几条理论可以直观、易懂地反映特定围岩条件和锚固方式下锚杆的加固作用,但相应的力学模型比较粗糙,难以反映围岩的自承能力。

　　二是围岩强度强化理论。该理论建立在岩体工程概念之上,强调围岩-锚固体的共同作用,锚杆的作用是主动加固围岩,以发挥围岩自身的承载能力,而不是被动地支撑围岩。锚固体的支护作用可提高围岩自身的岩性(如刚度参数和强度参数),改善围岩所处的应力状态,控制巷道围岩破碎区和塑性区的发展,同时还可改善巷道的支护情况。该理论实质上反映了新奥法的核心思想即围岩的自承能力,因此在国内外研究中被广泛应用,如针对层状结构和破碎岩体,分别采用莫尔-库仑(M-C)模型、赫谢尔-巴尔克利(H-B)模型以及邓肯-张(Duncan-Chang)模型分析锚固后抗剪强度的改变[198]。然而,由于岩土介质本构模型以及锚杆-岩土介质相互作用机理的复杂性,很难对围岩强度强化理论建立统一的解析模型。目前,大部分解析模型多基于二维轴对称模型得到,比较有代表性的有:假定岩体为理想弹塑性材料给出加固巷道围岩的解析解[199-202];采用岩体的弹-脆塑性和应变软化本构模型,基于 M-C 屈服准则和 H-B 经验强度准则建立静水压力场和非均匀应力场下圆形巷道加固围岩的解析模型[203-222];

Cai 等[223]从载荷传递角度分别建立了锚杆、围岩及锚杆-围岩复合体的平衡方程,并进行了解耦分析。周世昌等[224]建立了基于锚固界面的双指数曲线剪切滑移模型和锚杆线性强化弹塑性本构模型的数值模型。赵增辉等[225]采用叠加原理将厚软岩层巷道全断面锚固模型分解为锚固前的初始状态模型和锚固后的增量模型 2 种子模型,基于无锚杆时模型的拉梅解和锚杆影响区模型对 2 种子模型下围岩的力学量进行了解析,叠加后得到了原模型下锚固围岩的力学解。

三是销钉理论。该理论认为当锚杆穿过岩层之间的滑动面时,可以起到阻滑抗剪的作用,避免由于岩层之间的相对滑动而对顶板岩层施加附加水平应力作用[226]。

鉴于锚固作用的复杂性,目前对岩体锚固效应的理论研究还很不完善,无法建立统一的力学分析模型,现有分析与实际情况还有一定出入。因此,很多研究人员分别采用试验方法和数值模拟手段对锚固体的锚固效应进行了细致的研究。

在试验研究方面,如采用相似模拟试验研究锚杆形状以及不同灌浆体特性对锚固体承载能力的影响[227-230];利用室内试验分析锚固体对锚固范围内岩体刚度参数和强度参数的强化效应以及对围岩塑性区的控制作用[231-234],有关结果表明协同锚固作用能够有效改善锚固体的应力状态,显著提高其强度、刚度、承载能力和抗变形能力;针对加固和未加固岩土中垂直锚固的不同情况,采用小规模的模型试验研究表明锚固能显著增加岩土体的刚度,并提高锚杆的抗拔力[235]。在数值模拟方面,学者结合预应力锚索加固高边坡工程,对多根锚索作用下的锚固机理进行数值模拟,并提出了岩石锚固墙的概念[236];建立了考虑和不考虑塑性圈的两种圆形巷道数值模型,分析了锚杆对围岩应力、巷道位移以及自身轴力的影响[237];Zhao 等[238]针对复合软岩顶板锚固问题,建立了含软弱界面复合软岩锚固的力学模型,采用有限元方法建立了复合软岩锚固的数值计算模型,分析了横向载荷作用下,节理面附近锚杆和岩体的变形特征、应力分布规律以及破坏行为。

由于岩体介质的复杂性,以及锚杆支护方式的多样性,对于锚杆锚固效应的研究没有形成统一的理论,尤其是对弱胶结软岩巷道围岩加固效应机理方面的研究成果较少,导致理论研究滞后于工程应用。

1.2.6　现有研究中存在的问题

(1) 由于西部矿区弱胶结围岩取样困难,目前对该类软岩的物理力学性质认识不够,相关的研究成果较少,对弱胶结软岩的破坏机制了解不多。

(2) 关于软岩的应变软化模型已有较多研究成果,但都是针对具体的岩体介质,因此所得结论并不完全适用于西部弱胶结软岩;目前的成果中在讨论软岩峰后力学参数演化时,大部分集中在强度参数演化方面,忽略了其与刚度劣化的关联性。

（3）目前在对煤-岩组合体力学行为进行研究时,多假定其为弱煤体-强岩体的组合模型,事实上西部矿区软岩由于受扰动影响,某些岩层的力学性能不如煤体,因此有必要进一步对强煤体-弱岩体组合模型展开研究;煤-岩组合体的非稳定破坏与其刚度和强度存在关联性,此外还与两体之间的交界面黏结状态有关,但现有研究中涉及不多;西部矿区弱胶结软岩巷道顶板属于典型的复合软岩,因此有必要通过典型工程案例,研究煤层和岩层在不同刚度和强度匹配以及界面效应下围岩的整体力学行为。

（4）目前关于锚杆加固效应研究大多集中于讨论加固后围岩的力学响应或锚杆的力学行为,但是锚固效果如何衡量和比较,还缺少量化的指标,因此有必要展开讨论。

（5）锚杆加固效应理论研究明显滞后于工程应用。由于锚固机理的复杂性,大部分锚杆加固分析很难得到解析解,尤其是弱胶结软岩介质加固解析还需进一步讨论。

（6）目前对锚固载荷传递及加固效应多从单一介质角度开展讨论,然而由于含层理面复合软岩顶板具有明显的结构效应,而且软岩体本身产生较大的变形,这些特点决定了穿层锚固机理的复杂性,该类岩体结构的锚固效应和锚固体的载荷传递尚不明确,需进一步进行讨论。

1.3　研究内容

针对 1.2.6 节中分析的现有研究中存在的问题,本书开展了以下研究工作:

（1）弱胶结软岩、煤样破坏机制及损伤本构关系、强度演化规律研究。分析西部典型矿区弱胶结软岩在单轴和三轴压缩下的变形、破坏规律,建立弱胶结软岩的应变软化损伤本构模型及软岩在应变软化阶段的强度参数演化模型。

（2）煤-岩组合体的强度特性及界面效应。首先,采用形变能等效理论,建立煤-岩组合体的等效模型,在考虑煤-岩界面效应和不考虑界面效应两种情况下建立煤-岩两种不同介质复合体的整体破坏准则,并与 Jaeger 提出的单一岩体"二维软弱面滑动破坏理论"进行比较;其次,建立煤-岩交界面附近两体介质的微观分析模型,分析两体在界面效应下的应力传递及派生情况,以及接触状态对两体强度影响。

（3）煤-岩组合体的灾变机制及其破坏演化分析。考虑弱体在破坏中的弹性能释放,建立煤-岩共同作用系统产生非稳定破坏灾变的能量演化规律和刚度判断准则;根据煤、岩两体不同的接触状态,建立一体两介质和两体两介质的力学分析模型,分析不同模型下两体系统非稳定破坏的刚度和强度相关性、破坏演化过程以及应力状态影响,找出两体破坏的前兆信息。

(4)弱胶结软岩巷道围岩灾变过程分析。建立西部典型矿区弱胶结软岩巷道围岩的力学模型,分析围岩的灾变过程。首先,重点针对复合软岩顶板中较软弱岩层以及各层面的弱黏结行为对巷道围岩稳定性的影响展开讨论;然后,进一步分析煤、岩层不同的刚度和强度匹配对巷道稳定性的影响;最后,针对软弱顶板的弯曲,建立损伤分析模型。

(5)弹塑性围岩锚固效应及量化指标分析。以轴对称锚固巷道为例,建立锚固作用分析模型,采用叠加法推导锚固围岩的解析解以及锚杆的轴力解,分析锚杆的锚固效应并建立量化指标,找出控制不同强度围岩起塑条件的临界支护参数。

(6)含层理面复合软岩顶板的锚固效应及锚固载荷传递规律分析。采用均匀化方法建立复合软岩中穿层锚杆的锚固力学模型,提出锚固效应的量化指标,并建立其解析表达式,找出锚杆工作状态及锚固效应与软岩体变形状态的定量关系;建立穿层锚杆的锚固分析数值模型,分析锚杆的载荷传递及失效规律;选取典型工程,建立复合软岩顶板锚固计算模型,进一步讨论穿层锚固载荷传递规律的影响因素,分析锚固可能的失效点。

本章参考文献

[1] 申宝宏,雷毅,郭玉辉.中国煤炭科学技术新进展[J].煤炭学报,2011,36(11):1779-1783.

[2] 王渭明,王磊,代春泉.基于强度分层计算的弱胶结软岩冻结壁变形分析[J].岩石力学与工程学报,2011,30(增刊2):4110-4116.

[3] 宋丽,廖红建.应变空间的软岩统一弹塑性软化本构模型[J].西安交通大学学报,2007,41(7):857-861.

[4] 宋丽,廖红建,韩剑.软岩三维弹黏塑性本构模型[J].岩土工程学报,2009,31(1):83-88.

[5] 杨志强,鞠远江.峰后软岩应变软化渗流特性[J].黑龙江科技学院学报,2010,20(6):439-441.

[6] 盛佳韧,叶冠林,王建华.软岩地下洞库施工的水土耦合有限元模拟[J].浙江大学学报(工学版),2012,46(5):785-790.

[7] 金俊超,佘成学,尚朋阳.基于Hoek-Brown准则的岩石应变软化模型研究[J].岩土力学,2020(3):939-951.

[8] 杜强.裂隙岩体应变软化本构模型及其在软弱破碎巷道中的应用[D].淮南:安徽理工大

学,2015.

[9] UNTEREGGER D,FUCHS B,HOFSTETTER G. A damage plasticity model for different
types of intact rock[J]. International journal of rock mechanics and mining sciences,2015,
80:402-411.

[10] 周家文,徐卫亚,李明卫.岩石应变软化模型在深埋隧洞数值分析中的应用[J].岩石力
学与工程学报,2009,28(6):1116-1127.

[11] 王小平,夏雄.岩土类材料率相关性及硬化-软化特性模型研究[J].岩土力学,2011,32
(11):3283-3287.

[12] 杨峰.高应力软岩巷道变形破坏特征及让压支护机理研究[D].徐州:中国矿业大
学,2009.

[13] 叶冠林,张锋,盛佳韧,等.堆积软岩的黏弹塑性本构模型及其数值计算应用[J].岩石力
学与工程学报,2010,29(7):1348-1354.

[14] FABRE G,PELLET F. Creep and time-dependent damage in argillaceous rocks[J]. Inter-
national journal of rock mechanics and mining sciences,2006,43(6): 950-960.

[15] 唐春安.岩石破裂过程中的灾变[M].北京:煤炭工业出版社,1993:20-25.

[16] 曹文贵,赵明华,刘成学.基于 Weibull 分布的岩石损伤软化模型及其修正方法研究[J].
岩石力学与工程学报,2004,23(19):3226-3231.

[17] 曹文贵,张超,贺敏,等.考虑空隙压密阶段特征的岩石应变软化统计损伤模拟方法[J].
岩土工程学报,2016,38(10):1754-1761.

[18] 刘新荣,王军保,李鹏,等.芒硝力学特性及其本构模型[J].解放军理工大学学报(自然
科学版),2012,13(5):527-532.

[19] 李树春,许江,李克钢.基于初始损伤系数修正的岩石损伤统计本构模型[J].四川大学
学报(工程科学版),2007,39(6):41-44.

[20] 杨卫忠,王博.基于细观损伤的岩石受压本构关系模型研究[J].郑州大学学报(工学
版),2010,31(6):6-9.

[21] 张毅,廖华林,李根生.岩石连续损伤统计本构模型[J].石油大学学报(自然科学版),
2004,28(3):37-39.

[22] 杨圣奇,徐卫亚,韦立德,等.单轴压缩下岩石损伤统计本构模型与试验研究[J].河海大
学学报(自然科学版),2004,32(2):200-203.

[23] 杨明辉,赵明华,曹文贵.岩石损伤软化统计本构模型参数的确定方法[J].水利学报,
2005,36(3):345-349.

[24] 刘冬桥,王焯,张晓云.岩石应变软化变形特性及损伤本构模型研究[J].岩土力学,
2017,38(10):2901-2908.

[25] 刘冬桥,李东,张晓云.基于缺陷生长的岩石应变软化损伤本构模型研究[J].岩石力学
与工程学报,2017,36(增刊 2):3902-3909.

[26] 赵衡.岩石变形特性与变形全过程统计损伤模拟方法研究[D].长沙:湖南大学,2011.

[27] 汪辉平,曹文贵,王江营,等.模拟岩石应变软化变形全过程的统计损伤本构模型研究

[J].水文地质工程地质,2013,40(4):44-49.

[28] 杜宇翔,盛谦,付晓东,等.半成岩变形强度特征与损伤本构模型研究[J].岩石力学与工程学报,2020,39(2):239-250.

[29] 戴笠.高应力条件下岩石变形全过程统计损伤模拟方法[D].长沙:湖南大学,2016.

[30] LI H Z,LIAO H J,XIONG G D,et al. A three-dimensional statistical damage constitutive model for geomaterials[J]. Journal of mechanical science and technology,2015,29(1):71-77.

[31] 范海军,肖盛燮,彭凯.基于应变局部化的岩样单轴压缩本构模型研究[J].岩石力学与工程学报,2006,25(增刊1):2634-2641.

[32] 王学滨.岩样单轴压缩轴向及侧向变形耗散能量及稳定性分析[J].岩石力学与工程学报,2005,24(5):846-853.

[33] 潘一山,贾晓波,宋义敏.岩石单轴压缩作用下变形局部化的梯度塑性解[J].力学学报,2002,34(5):820-826.

[34] 周国林,谭国焕,李启光,等.剪切破坏模式下岩石的强度准则[J].岩石力学与工程学报,2001,20(6):753-762.

[35] 于德海,彭建兵,王旭东.岩石材料局部化渐进剪切破坏特性及模型分析[J].北京工业大学学报,2013,39(1):38-43.

[36] 邓绪彪,魏思民,宋晓焱,等.岩石类材料摩擦局部化损伤本构关系研究[J].中国矿业大学学报,2013,42(3):471-476.

[37] 王泽云,刘立,刘保县.岩石微结构与微裂纹的损伤演化特征[J].岩石力学与工程学报,2004,23(10):1599-1603.

[38] 刘冬梅,龚永胜,谢锦平.单轴压力作用下岩石损伤演化特征研究[J].江西有色金属,2000,14(4):1-3.

[39] SELLIER A,BARY B. Coupled damage tensors and weakest link theory for the description of crack induced anisotropy in concrete[J]. Engineering fracture mechanics,2002,69(17):1925-1939.

[40] 罗强.碳酸盐岩应力-应变关系与微结构分析[J].岩石力学与工程学报,2008,27(增刊1):2656-2660.

[41] 陈宇龙,魏作安,许江,等.单轴压缩条件下岩石声发射特性的实验研究[J].煤炭学报,2011,36(增刊2):237-240.

[42] YUE Z Q,CHEN S,THAM L G. Finite element modeling of geomaterials using digital image processing [J]. Computers and geotechnics,2003,30(5):375-397.

[43] 岳中琦,陈沙,郑宏,等.岩土工程材料的数字图像有限元分析[J].岩石力学与工程学报,2004,23(6):889-897.

[44] CHEN S,YUE Z Q,THAM L G. Digital image-based numerical modeling method for prediction of inhomogeneous rockfailure[J]. International journal of rock mechanics and mining sciences,2004,41(6):939-957.

[45] 陈沙,岳中琦,谭国焕.基于数字图像的非均质岩土工程材料数值分析方法[J].岩土工程学报,2005,27(8):956-964.

[46] 朱泽奇,肖培伟,盛谦,等.基于数字图像处理的非均质岩石材料破坏过程模拟[J].岩土力学,2011,32(12):3780-3786.

[47] 张艳博,吴文瑞,姚旭龙,等.单轴压缩下花岗岩声发射-红外特征及损伤演化试验研究[J].岩土力学,2020(增刊1):1-8.

[48] 姚旭龙,张艳博,孙林,等.基于区域相关性的岩石损伤声发射探测与成像方法研究[J].岩石力学与工程学报,2017,36(9):2113-2123.

[49] 靖洪文,苏海健,杨大林,等.损伤岩样强度衰减规律及其尺寸效应研究[J].岩石力学与工程学报,2012,31(3):543-549.

[50] 牛双建,靖洪文,杨旭旭,等.深部巷道破裂围岩强度衰减规律试验研究[J].岩石力学与工程学报,2012,31(8):1587-1596.

[51] 张后全,贺永年,周纪军,等.岩石破损过程强度变化规律实测研究[J].岩石力学与工程学报,2010,29(增刊1):3273-3279.

[52] 张后全,贺永年,刘志强,等.泥质细砂岩材料破坏与强度衰减研究[J].中国矿业大学学报,2008,37(1):129-133.

[53] MARTIN C D,CHANDLER N A. The progressive fracture of Lac du Bonnet granite [J]. International journal of rock mechanics and mining sciences & geomechanics abstracts,1994,31(6):643-659.

[54] 王乐华,金晶,赵二平,等.热湿作用下三峡库区典型砂岩劣化效应研究[J].长江科学院院报,2017(6):80-84.

[55] 骆祚森,陈将宏,邓华锋.水-岩相互作用对砂岩劣化效应的离散元模拟[J].三峡大学学报(自然科学版),2019,41(2):40-44.

[56] 吴池,刘建锋,周志威,等.含杂质盐岩三轴蠕变特性试验研究[J].工程科学与技术,2017,49(增刊2):165-172.

[57] BAŽANT Z P,BELYTSCHKO T B,CHANG T P. Continuum theory for strain-softening[J]. Journal of engineering mechanics,1984,110(12):1666-1692.

[58] 李晓.岩石峰后力学特性及其损伤软化模型的研究与应用[D].徐州:中国矿业大学,1995.

[59] 张帆,盛谦,朱泽奇,等.三峡花岗岩峰后力学特性及应变软化模型研究[J].岩石力学与工程学报,2008,27(增刊1):2651-2655.

[60] 陆银龙,王连国,杨峰,等.软弱岩石峰后应变软化力学特性研究[J].岩石力学与工程学报,2010,29(3):640-648.

[61] JOSEPH T G. Estimation of the post-failure stiffness of rock[D]. Alberta:University of Alberta,2000.

[62] 李文婷,李树忱,冯现大,等.基于莫尔-库仑准则的岩石峰后应变软化力学行为研究[J].岩石力学与工程学报,2011,30(7):1460-1466.

[63] 于永江,张春会,王来贵.基于退化角的岩石峰后应变软化模型[J].煤炭学报,2012,37(3):402-406.

[64] 杨哲豪,俞缙,涂兵雄,等.考虑刚度劣化影响的岩石峰后应变软化模型[J].华侨大学学报(自然科学版),2018,39(5):664-668.

[65] 王佩新,曹平,王敏,等.围压作用下岩石峰后应力-应变关系模型[J].中南大学学报(自然科学版),2017,48(10):2753-2758.

[66] 余俊,李真,潘伟波,等.考虑黏聚力弱化的岩石软化模型研究[J].铁道科学与工程学报,2016,13(6):1039-1045.

[67] CHEN L,MAO X B,LI M,et al. A new strain-softening constitutive model for circular opening considering plastic bearing behavior and its engineering application[J]. Mathematical problems in engineering,2018,2018:1-13.

[68] 韩建新,李术才,李树忱,等.基于强度参数演化行为的岩石峰后应力-应变关系研究[J].岩土力学,2013,34(2):342-346.

[69] 王渭明,赵增辉,王磊.不同强度准则下软岩巷道底板破坏安全性比较分析[J].岩石力学与工程学报,2012,31(增刊2):3920-3927.

[70] 王水林,王威,吴振君.岩土材料峰值后区强度参数演化与应力-应变曲线关系研究[J].岩石力学与工程学报,2010,29(8):1524-1529.

[71] 李英杰,张顶立,刘保国.考虑变形模量劣化的应变软化模型在FLAC³D中的开发与验证[J].岩土力学,2011,32(增刊2):647-659.

[72] 陈国庆,冯夏庭,江权,等.考虑岩体劣化的大型地下厂房围岩变形动态监测预警方法研究[J].岩土力学,2010,31(9):3012-3018.

[73] 雷涛,周科平,胡建华,等.卸荷岩体力学参数劣化规律的细观损伤分析[J].中南大学学报(自然科学版),2013,44(1):275-281.

[74] 蒋明镜,孙渝刚,张伏光.基于微观力学的胶结岩土材料破损规律离散元模拟[J].岩土力学,2013,34(7):2043-2050.

[75] ZHANG L C,LI S C,ZHAO S S,et al. The research macro-mechanical properties of rock based on discrete particle model[C]//4th International Conference on Advanced Composite Materials and Manufacturing Engineering. Xishuangbanna:[s. n.],2017.

[76] 孙闯,惠心敏楠,张强.泥岩峰后应变软化行为及围岩-支护结构相互作用研究[J].中国矿业大学学报,2016,45(2):254-260.

[77] 王嵩,左双英,曲传奇,等.基于单轴压缩试验的岩石损伤力学参数修正及数值模拟[J].贵州大学学报(自然科学版),2017,34(2):109-114.

[78] 谭以安.岩爆形成机理研究[J].水文地质工程地质,1989(1):34-38,54.

[79] 陆家佑.岩爆预测的理论与实践[J].煤矿开采,1998(3):26-29.

[80] 金志仁,徐文胜,范海波,等.隧道施工中的岩爆及时预测[J].土木工程与管理学报,2011,28(2):39-43.

[81] 冯涛,潘长良.洞室岩爆机理的层裂屈曲模型[J].中国有色金属学报,2000,10(2):

287-290.

[82] 郭建强,刘新荣.强度准则与岩爆判据统一的研究[J].岩石力学与工程学报,2018,37
(增刊1):3340-3352.

[83] 李夕兵,宫凤强,王少锋,等.深部硬岩矿山岩爆的动静组合加载力学机制与动力判据
[J].岩石力学与工程学报,2019,38(4):708-723.

[84] 徐林生,王兰生,李永林.岩爆形成机制与判据研究[J].岩土力学,2002,23(3):300-303.

[85] 伍法权,伍劼,祁生文.关于脆性岩体岩爆成因的理论分析[J].工程地质学报,2010,18
(5):589-595.

[86] 刘军强.西周岭隧道地应力测量及岩爆预测分析[J].工程地质学报,2011,19(3):
428-432.

[87] COOK N G W. The failure of rock [J]. International journal of rock mechanics and min-
ing sciences & geomechanics abstracts,1965,2(4):389-403.

[88] HUDSON J A,CROUCH S L,FAIRHURST C. Soft,stiff and servo-controlled testing
machines:a review with reference to rock failure[J]. Engineering geology,1972,6(3):
155-189.

[89] 耿乃光,陈额,姚孝新.岩石样品破裂的初步研究[J].地球物理学报,1981,24(2):
238-241.

[90] 潘一山,章梦涛,王来贵,等.地下硐室岩爆的相似材料模拟试验研究[J].岩土工程学
报,1997,19(4):49-56.

[91] COOK N G W,HOEK E P,PRETORIUS J P G. Rock mechanics applied to the study of
rock bursts[J]. Journal of the South African Institute of Mining and Metallurgy,1966,
66(10):435-528.

[92] 殷有泉,郑顾团.断层地震的尖点突变模型[J].地球物理学报,1988,31(6):657-663.

[93] 章梦涛.冲击地压失稳理论与数值模拟计算[J].岩石力学与工程学报,1987,6(3):
197-204.

[94] 唐宝庆.回归分析法在建立岩爆数学模型上的应用[J].数学理论及应用,2003,23(2):
37-42.

[95] 何满朝,钱七虎.深部岩体力学及工程灾害控制研究[C]//突发地质灾害防治与减灾对
策研究高级学术研讨会论文集.北京:[出版者不详],2006.

[96] 祝启虎,卢文波,孙金山.基于能量原理的岩爆机理及应力状态分析[J].武汉大学学报
(工学版),2007,40(2):84-87.

[97] 陈卫忠,吕森鹏,郭小红,等.基于能量原理的卸围压试验与岩爆判据研究[J].岩石力学
与工程学报,2009,28(8):1530-1540.

[98] 陈卫忠,吕森鹏,郭小红,等.脆性岩石卸围压试验与岩爆机理研究[J].岩土工程学报,
2010,32(6):963-969.

[99] 胡传宇,梅甫定,张文龙,等.深部岩爆演化机制的耗散结构理论分析[J].矿业研究与开
发,2019,39(2):46-50.

弱胶结软岩巷道围岩灾变机理及锚固效应研究

[100] 陈璐.基于储能及耗能特性的深部花岗岩能量体系研究[D].北京:北京科技大学,2019.

[101] LI T,CAO B,CHEN G B,et al. Mechanism of rock burst based on energy dissipation theory and its applications in erosion zone [J]. Acta geodynamica et geomaterialia, 2019,16(2):119-130.

[102] 陈旭光,张强勇.岩石剪切破坏过程的能量耗散和释放研究[J].采矿与安全工程学报, 2010,27(2):179-184.

[103] 秦剑峰,卓家寿.岩爆问题中块体速度探讨[J].岩土力学,2011,32(5):1365-1368.

[104] 王淑坤,张万斌,吴耀煜.顶板岩石冲击倾向分类的研究[C]//矿山坚硬岩体控制学术讨论会论文集.大同:[出版者不详],1991.

[105] 左建平,陈岩,崔凡.不同煤岩组合体力学特性差异及冲击倾向性分析[J].中国矿业大学学报,2018,47(1):81-87.

[106] 窦林名,何学秋.煤矿冲击矿压的分级预测研究[J].中国矿业大学学报,2007,36(6): 717-722.

[107] 蔡朋,邬爱清,汪斌,等.一种基于 Ⅱ 型全过程曲线的岩爆倾向性指标[J].岩石力学与工程学报,2010,29(增刊 1):3290-3294.

[108] 李玉生.冲击地压机理及其初步应用[J].中国矿业学院学报,1985(3):37-43.

[109] 齐庆新,陈尚本,王怀新,等.冲击地压、岩爆、矿震的关系及其数值模拟研究[J].岩石力学与工程学报,2003,22(11):1852-1858.

[110] 蓝航,齐庆新,潘俊锋,等.我国煤矿冲击地压特点及防治技术分析[J].煤炭科学技术, 2011,39(1):11-15.

[111] HSIUNG S M,BLAKE W,CHOWDHURY A H,et al. Effects of mining-induced seismic e-vents on a deep underground mine[J]. Pure and applied geophysics, 1992, 139 (3/4): 741-762.

[112] 陈明祥,侯发亮.岩石损伤模型与岩爆机理解释[J].武汉水利电力大学学报,1993,26 (2):154-159.

[113] 罗先启,舒茂修.岩爆的动力断裂判据:D判据[J].中国地质灾害与防治学报,1996,7 (2):1-5.

[114] 刘小明,李焯芬.脆性岩石损伤力学分析与岩爆损伤能量指数[J].岩石力学与工程学报,1997(2):45-52.

[115] 李广平.岩体的压剪损伤机理及其在岩爆分析中的应用[J].岩土工程学报,1997,19 (6):49-55.

[116] 王桂尧,卿笃干.隧洞岩爆机理与岩爆预测的断裂力学分析[J].中国有色金属学报, 1999,9(4):841-845.

[117] 潘一山.冲击地压发生和破坏过程研究[D].北京:清华大学,1999.

[118] 王挥云,李忠华,李成全.基于岩石细观损伤机制的岩爆机理研究[J].辽宁工程技术大学学报(自然科学版),2004,23(2):188-190.

[119] 黄润秋,王贤能.岩石结构特征对岩爆的影响研究[J].地质灾害与环境保护,1997,8(2):15-20.

[120] 周辉,孟凡震,张传庆,等.结构面剪切破坏特性及其在滑移型岩爆研究中的应用[J].岩石力学与工程学报,2015,34(9):1729-1738.

[121] 李杰,王明洋,李新平,等.微扰动诱发断裂滑移型岩爆的力学机制与条件[J].岩石力学与工程学报,2018,37(增刊1):3205-3214.

[122] 赵延喜,李浩.基于断裂力学及随机有限元的隧道岩爆风险分析[J].长江科学院院报,2011,28(6):59-62.

[123] 梁志勇,石豫川,李天斌.基于统计损伤的岩爆预测[J].工程地质学报,2005,13(1):85-88.

[124] 张晓君.岩石损伤统计本构模型参数及其临界敏感性分析[J].采矿与安全工程学报,2010,27(1):45-50.

[125] 李玉,赵国景.煤爆或岩爆的机制分析[C]//第三届全国岩石动力学学术会议论文集.武汉:武汉测绘科技大学出版社,1992.

[126] 侯发亮,刘小明,王敏强.岩爆成因再分析及烈度划分探讨[C]//第三届全国岩石动力学学术会议论文集.武汉:武汉测绘科技大学出版社,1992.

[127] 潘一山.煤矿冲击地压扰动响应失稳理论及应用[J].煤炭学报,2018,43(8):2091-2098.

[128] LUO Z Q,WANG W,QIN Y G,et al. Early warning of rock mass instability based on multi-field coupling analysis and microseismic monitoring[J]. Transactions of nonferrous metals society of China,2019,29(6):1285-1293.

[129] 章梦涛,徐曾和,潘一山,等.冲击地压和突出的统一失稳理论[J].煤炭学报,1991,16(4):48-53.

[130] 潘岳,王志强.岩体动力失稳的功、能增量突变理论研究方法[J].岩石力学与工程学报,2004,23(9):1433-1438.

[131] 黄锋.隧道岩爆的动力学机理及其控制的实验研究[J].岩土力学,2010,31(4):1139-1142.

[132] 刘立,邱贤德,黄木坤.层状复合岩石损伤破坏的实验研究[J].重庆大学学报(自然科学版),1999,22(4):28-32.

[133] 刘波,杨仁树,郭东明.孙村煤矿－1 100 m水平深部煤岩冲击倾向性组合试验研究[J].岩石力学与工程学报,2004,23(14):2402-2408.

[134] 李纪青,齐庆新,毛德兵,等.应用煤岩组合模型方法评价煤岩冲击倾向性探证[J].岩石力学与工程学报,2005,24(增刊1):4805-4810.

[135] 窦林名,陆菜平,牟宗龙,等.组合煤岩冲击倾向性特性试验研究[J].采矿与安全工程学报,2006,23(1):43-46.

[136] 窦林名,田京城,陆菜平,等.组合煤岩冲击破坏电磁辐射规律研究[J].岩石力学与工程学报,2005,24(19):3541-3544.

[137] 陆菜平,窦林名,吴兴荣.组合煤岩冲击倾向性演化及声电效应的试验研究[J].岩石力学与工程学报,2007,26(12):2549-2555.

[138] 陆菜平,窦林名,吴兴荣,等.煤岩冲击前兆微震频谱演变规律的试验与实证研究[J].岩石力学与工程学报,2008,27(3):519-525.

[139] 赵毅鑫,姜耀东,祝捷,等.煤岩组合体变形破坏前兆信息的试验研究[J].岩石力学与工程学报,2008,27(2):339-346.

[140] 姚精明,闫永业,尹光志,等.坚硬顶板组合煤岩样破坏电磁辐射规律及其应用[J].重庆大学学报(自然科学版),2011,34(5):71-75,81.

[141] 王晓南,陆菜平,薛俊华,等.煤岩组合体冲击破坏的声发射及微震效应规律试验研究[J].岩土力学,2013,34(9):2569-2575.

[142] JIN P J,WANG E Y,LIU X F,et al. Damage evolution law of coal-rock under uniaxial compression based on the electromagnetic radiation characteristics[J]. International journal of mining science and technology,2013,23(2):213-219.

[143] 陆菜平,窦林名,吴兴荣,等.煤矿冲击矿压的强度弱化[J].北京科技大学学报,2007,29(11):1074-1078.

[144] 郭东明,杨仁树,张涛,等.煤岩组合体单轴压缩下的细观-宏观破坏演化机理[C]//第四届深部岩体力学与工程灾害控制学术研讨会论文集.北京:[出版者不详],2009.

[145] 郭东明,左建平,张毅,等.不同倾角组合煤岩体的强度与破坏机制研究[J].岩土力学,2011,32(5):1332-1339.

[146] 左建平,谢和平,吴爱民.深部煤岩单体及组合体的破坏机制及力学特性研究[J].岩石力学与工程学报,2011,30(1):84-92.

[147] 左建平,谢和平,孟冰冰,等.煤岩组合体分级加卸载特性的试验研究[J].岩土力学,2011,32(5):1287-1296.

[148] 左建平,裴建良,刘建锋,等.煤岩体破裂过程中声发射行为及时空演化机制[J].岩石力学与工程学报,2011,30(8):1564-1570.

[149] 张泽天,刘建锋,王璐,等.组合方式对煤岩组合体力学特性和破坏特征影响的试验研究[J].煤炭学报,2012,37(10):1677-1681.

[150] 牟宗龙,王浩,彭蓬,等.岩-煤-岩组合体破坏特征及冲击倾向性试验研究[J].采矿与安全工程学报,2013,30(6):841-847.

[151] 杨磊,高富强,王晓卿,等.煤岩组合体的能量演化规律与破坏机制研究[J].煤炭学报,2019,44(12):3894-3902.

[152] 陈光波,秦忠诚,张国华,等.受载煤岩组合体破坏前能量分布规律[J].岩土力学,2020(2):1-13.

[153] PETUKHOV I M,LINKOV A M. The theory of post-failure deformations and the problem of stability in rock mechanics[J]. International journal of rock mechanics and mining sciences & geomechanics abstracts,1979,16(2):57-76.

[154] 姜耀东,王涛,宋义敏,等.煤岩组合结构失稳滑动过程的实验研究[J].煤炭学报,

2013,38(2):177-182.

[155] DU F,WANG K. Unstable failure of gas-bearing coal-rock combination bodies:insights from physical experiments and numerical simulations[J]. Process safety and environmental protection,2019,129:264-279.

[156] 王学滨.煤岩两体模型变形破坏数值模拟[J].岩土力学,2006,27(7):1066-1070.

[157] 张小涛,窦林名.煤层硬度与厚度对冲击矿压影响的数值模拟[J].采矿与安全工程学报,2006,23(3):277-280.

[158] BAO C Y,TANG C A,CAI M,et al. Spacing and failure mechanism of edge fracture in two-layered materials[J]. International journal of fracture,2013,181(2):241-255.

[159] LI L C,TANG C A,WANG S Y. A numerical investigation of fracture infilling and spacing in layered rocks subjected to hydro-mechanical loading[J]. Rock mechanics and rock engineering,2012,45(5):753-765.

[160] WANG S Y,LAM K C,AU S K,et al. Analytical and numerical study on the pillar rockbursts mechanism[J]. Rock mechanics and rock engineering,2006,39(5):445-467.

[161] 陈忠辉,傅宇方,唐春安.单轴压缩下双试样相互作用的实验研究[J].东北大学学报(自然科学版),1997,18(4):382-385.

[162] 林鹏,唐春安,陈忠辉,等.二岩体系统破坏全过程的数值模拟和实验研究[J].地震,1999,19(4):413-418.

[163] 刘建新,唐春安,朱万成,等.煤岩串联组合模型及冲击地压机理的研究[J].岩土工程学报,2004,26(2):276-280.

[164] JIANG J Q,CHENG J G,QU H,et al. Numerical test and evaluating method of impact trend of rock-coal system[J]. Journal of coal science and engineering,2008,14(1):12-18.

[165] 牟宗龙,窦林名,李慧民,等.顶板岩层特性对煤体冲击影响的数值模拟[J].采矿与安全工程学报,2009,26(1):25-30.

[166] 李晓璐,康立军,李宏艳,等.煤-岩组合体冲击倾向性三维数值试验分析[J].煤炭学报,2011,36(12):2064-2067.

[167] 邓绪彪,胡海娟,徐刚,等.两体岩石结构冲击失稳破坏的数值模拟[J].采矿与安全工程学报,2012,29(6):833-839.

[168] 赵善坤,张寅,韩荣军,等.组合煤岩结构体冲击倾向演化数值模拟[J].辽宁工程技术大学学报(自然科学版),2013,32(11):1441-1446.

[169] 付斌,周宗红,王友新,等.煤岩组合体破坏过程RFPA^{2D}数值模拟[J].大连理工大学学报,2016,56(2):132-139.

[170] 杨桢,齐庆杰,李鑫,等.基于FLAC^{3D}的复合煤岩受载破裂数值模拟及试验研究[J].安全与环境学报,2017,17(3):901-906.

[171] ZHAO Z H,WANG W M,YAN J X. Strain localization and failure evolution analysis of soft rock-coal-soft rock combination model[J]. Journal of applied sciences,2013,13(7):

1094-1099.

[172] ZHAO Z H,WANG W M,DAI C Q,et al. Failure characteristics of three-body model composed of rock and coal with different strength and stiffness[J]. Transactions of nonferrous metals society of China,2014,24(5):1538-1546.

[173] LIU W R,YUAN W,YAN Y T,et al. Analysis of acoustic emission characteristics and damage constitutive model of coal-rock combined body based on particle flow code[J]. Symmetry,2019,11(8):1040.

[174] 高明仕,窦林名,张农,等.煤(矿)柱失稳冲击破坏的突变模型及其应用[J].中国矿业大学学报,2005,34(4):433-437.

[175] 秦四清,王思敬.煤柱-顶板系统协同作用的脆性失稳与非线性演化机制[J].工程地质学报,2005,13(4):437-446.

[176] 潘岳,王志强,吴敏应.岩体动力失稳终止点、能量释放量解析解与图解[J].岩土力学,2006,27(11):1915-1921.

[177] 张黎明,王在泉,张晓娟,等.岩体动力失稳的折迭突变模型[J].岩土工程学报,2009,31(4):552-557.

[178] 杜习亚.基于突变理论的煤岩体损伤破裂研究[D].大庆:东北石油大学,2017.

[179] 张乐文,汪稔.岩土锚固理论研究之现状[J].岩土力学,2002,23(5):627-631.

[180] 尤春安,高明,张利民,等.锚固体应力分布的试验研究[J].岩土力学,2004,25(增刊1):63-66.

[181] 王渭明,高鑫,景继东,等.弱胶结软岩巷道锚网索耦合支护技术研究[J].煤炭科学技术,2014,42(1):23-26.

[182] PHILLIPS S H E. Factors affecting the design of anchor ages in rock[M]. London:Cementation Research Ltd. ,1970:50.

[183] WOODS R I,BARKHORDARI K. The influence of bond stress distribution on ground design [C]//Institution-of-Civil-Engineers International Conference. London:[s. n.],1997.

[184] 朱焕春,荣冠,肖明,等.张拉载荷下全长粘结锚杆工作机理试验研究[J].岩石力学与工程学报,2002,21(3):379-384.

[185] 杨庆,朱训国,栾茂田.全长注浆岩石锚杆双曲线模型的建立及锚固效应的参数分析[J].岩石力学与工程学报,2007,26(4):692-698.

[186] 张爱民,胡毅夫.压力型锚杆锚固段锚固效应特性分析[J].岩土工程学报,2009,31(2):271-275.

[187] 李英明,赵呈星,丛利,等.基于实际围岩变形的全长锚固锚杆杆体应力分布特征分析[J].煤炭学报,2019,44(10):2966-2973.

[188] 张向东,王帅,赵阳豪,等.基于端锚黏结式锚杆静、动载试验的非均匀受力锚杆单元[J].岩土力学,2016,37(1):269-278.

[189] 姚强岭,王伟男,孟国胜,等.树脂锚杆不同锚固长度锚固段受力特征试验研究[J].采矿与安全工程学报,2019,36(4):643-649.

[190] 张思峰,周健,宋修广,等.预应力锚索锚固效应的三维数值模拟及其工程应用研究[J].地质力学学报,2006,12(2):166-172.

[191] 江文武,徐国元,马长年.FLAC³ᴰ的锚杆拉拔数值模拟试验[J].哈尔滨工业大学学报,2009,41(10):129-133.

[192] 卢黎,张四平,张永兴,等.软硬互层岩体中压力分散型锚索结构布置优化[J].岩石力学与工程学报,2010,29(增刊2):4124-4130.

[193] 孙闯,张涛,顾杨明.基于 Hoek-Brown 应变软化模型的深部巷道锚杆受力特征研究[J].防灾减灾工程学报,2016,36(3):493-498.

[194] 尤春安.锚固系统应力传递机理理论及应用研究[D].青岛:山东科技大学,2004.

[195] 王明恕,何修仁,郑雨天.全长锚固锚杆的力学模型及其应用[J].金属矿山,1983(4):24-29.

[196] 杨更社,何唐镛.全长锚固锚杆的托板效应[J].岩石力学与工程学报,1991,10(3):236-245.

[197] 姚爱敏,孙世国,刘玉福.锚杆支护现状及其发展趋势[J].北方工业大学学报,2007,19(3):90-94.

[198] 朱训国,杨庆,栾茂田.岩体锚固效应及锚杆的解析本构模型研究[J].岩土力学,2007,28(3):527-532.

[199] TANIMOTO C. Tunnelling in rock with rockbolts and shotcrete[D]. Kyoto:Kyoto University,1980.

[200] AYDAN O. The stabilisation of rock engineering structures by rockbolts[D]. Nagoya:Nagoya University,1989.

[201] GRAZIANI A. Evaluation of rockbolt effectiveness in reducing tunnel convergence in squeezing rocks[J]. Rivista Italiana di geotecnica,2000(1):64-72.

[202] LABIOUSE V. Ground response curves for rock excavations supported by ungrouted tensioned rockbolts[J]. Rock mechanics and rock engineering,1996,29(1):19-38.

[203] INDRARATNA B. Application of fully grouted bolts in yielding rock [D]. Alberta:University of Alberta,1987.

[204] INDRARATNA B,KAISER P K. Wall convergence in tunnels supported by fully grouted bolts[C]//28th U. S. Symposium on Rock Mechanics. Tuscon:[s. n.],1987.

[205] INDRARATNA B,KAISER P K. Analytical model for the design of grouted rock bolts[J]. International journal for numerical and analytical methods in geomechanics,1990,14(4):227-251.

[206] INDRARATNA B,KAISER P K. Design for grouted rock bolts based on the convergence control method[J]. International journal of rock mechanics and mining sciences & geomechanics abstracts,1990,27(4):269-281.

[207] INDRARATNA B. Effect of bolts on failure modes near tunnel openings in soft rock[J]. Geotechnique,1993,43(3):433-442.

[208] KAISER P,MCCREATH D R,TANNANT D. Canadian rockburst support handbook [M]. Sudbury:Geomechanics Research Centre,1996:88-89.

[209] KAISER P K,TANNANT D D,MCCREATH D R. Drift support in burst-prone ground[J]. CIM bulletin,1996,89(998):131-138.

[210] REED M B,GRASSO P,RIZZI D,et al. Improvement of rock properties by bolting in the plastic zone around a tunnel:a numerical study[J]. International journal of rock mechanics and mining sciences & geomechanics abstracts,1993,30(5):567-571.

[211] HOEK E,BROWN E T. Underground excavation in rock[M]. London:CRC Press, 1980:527.

[212] BROWN E T,BRAY J W,LADANYI B,et al. Ground response curves for rock tunnels [J]. Journal of geotechnical engineering,1983,109(1):15-39.

[213] STILLE H. Theoretical aspects on the difference between prestressed anchor bolt and grouted bolt in squeezing rock[C]//Proceedings of the International Symposium on Rock Bolting. Abisko:[s. n.],1983.

[214] STILLE H,HOLMBERG M,NORD G. Support of weak rock with grouted bolts and shotcrete[J]. International journal of rock mechanics and mining sciences & geomechanics abstracts,1989,26(1):99-113.

[215] ORESTE P P,PEILA D. Radial passive rockbolting in tunnelling design with a new convergence-confinement model[J]. International journal of rock mechanics and mining sciences & geomechanics abstracts,1996,33(5):443-454.

[216] ORESTE P P. Analysis of structural interaction in tunnels using the covergence-confinement approach[J]. Tunnelling and underground space technology,2003,18(4): 347-363.

[217] PEILA I D,ORESTE I P P. Axisymmetric analysis of ground reinforcing in tunnelling design[J]. Computers and geotechnics,1995,17(2):253-274.

[218] ZHAO Z,WANG W,WANG L. Theoretical analysis of a new segmented anchoring style in weakly cemented soft surrounding rock[J]. International journal of mining science and technology,2016,26(3):401-407.

[219] ORESTE P. Distinct analysis of fully grouted bolts around a circular tunnel considering the congruence of displacements between the bar and the rock[J]. International journal of rock mechanics and mining sciences,2008,45(7):1052-1067.

[220] AHMAD F,MASOUD R. Analysis of circular reinforced tunnels by analytical approach [J]. Journal of structural engineering and geotechniques,2011,1(2):45-55.

[221] BOBET A. A simple method for analysis of point anchored rockbolts in circular tunnels in elastic ground[J]. Rock mechanics and rock engineering,2006,39(4):315-338.

[222] BOBET A. Elastic solution for deep tunnels application to excavation damage zone and rockbolt support[J]. Rock mechanics and rock engineering,2009,42(2):147-174.

[223] CAI Y,ESAKI T,JIANG Y J. An analytical model to predict axial load in grouted rock bolt for soft rock tunnelling[J]. Tunnelling and underground space technology,2004,19 (6):607-618.

[224] 周世昌,朱万成,于水生.基于双指数剪切滑移模型的全长锚固锚杆荷载传递机制分析 [J].岩石力学与工程学报,2018,37(增刊 2):3817-3825.

[225] 赵增辉,王渭明,谭云亮,等.厚软岩层巷道全断面锚固量化分析模型[J].煤炭学报, 2016,41(7):1643-1650.

[226] 周桥,高谦.基于 DDA 理论对超前锚杆加固在破碎带工程围岩起销钉作用机理研究 [J].煤炭工程,2009(8):109-111.

[227] KILIC A,YASAR E,ATIS C D. Effect of bar shape on the pull-out capacity of fully-grouted rockbolts[J]. Tunnelling and underground space technology,2003,18(1):1-6.

[228] KILIC A,YASAR E,CELIK A G. Effect of grout properties on the pull-out load capacity of fully grouted rock bolt[J]. Tunnelling and underground space technology,2002, 17(4):355-362.

[229] BENMOKRANE B,CHENNOUF A,MITRI H S. Laboratory evaluation of cement-based grouts and grouted rock anchors[J]. International journal of rock mechanics and mining sciences & geomechanics abstracts,1995,32(7):633-642.

[230] BENMOKRANE B,XU H X,BELLAVANCE E. Bond strength of cement grouted glass fibre reinforced plastic (GFRP) anchor bolts[J]. International journal of rock mechanics and mining sciences & geomechanics abstracts,1996,33(5):455-465.

[231] 侯朝炯,勾攀峰.巷道锚杆支护围岩强度强化机理研究[J].岩石力学与工程学报, 2000,19(3):342-345.

[232] 杨双锁,张百胜.锚杆对岩土体作用的力学本质[J].岩土力学,2003,24(增刊 1): 279-282.

[233] 邹志晖,汪志林.锚杆在不同岩体中的工作机理[J].岩土工程学报,1993,15(6):71-79.

[234] 龙景奎,刘玉田,曹佐勇,等.预紧力锚杆协同锚固作用试验研究[J].采矿与安全工程 学报,2019,36(4):696-705.

[235] SAWWAF M E,NAZIR A. The effect of soil reinforcement on pullout resistance of an existing vertical anchor plate in sand[J]. Computers and geotechnics,2006,33(3):167-176.

[236] 丁秀丽,盛谦,韩军,等.预应力锚索锚固机理的数值模拟试验研究[J].岩石力学与工 程学报,2002,21(7):980-988.

[237] 李新平,宋桂红,刘巍,等.岩体隧道锚固作用分析[J].岩土力学,2005,26(增刊 1): 131-135.

[238] ZHAO Z H,GAO X J,TAN Y L,et al. Theoretical and numerical study on reinforcing effect of rock-bolt through composite soft rock-mass[J]. Journal of Central South University,2018,25(10):2512-2522.

第 2 章　弱胶结软岩破坏试验及损伤本构关系

2.1　引言

　　新疆伊犁矿区井田内各可采煤层顶、底板主要以泥岩或粉砂质泥岩为主,其次为粉细砂岩和碳质泥岩,松散砂砾岩仅局部可见,各煤层顶板厚度变化比较大,无厚而坚硬的基本顶存在,仅局部可见碳质泥岩伪顶。由于巷道围岩多数是低强度、易风化、遇水易泥化和崩解的白垩纪、侏罗纪软岩,给岩巷施工和维护带来困难。巷道开挖后,经常出现顶板松动、掉块,甚至发生大范围冒顶、塌方等矿山灾害,严重威胁开掘和开采安全。因此,掌握弱胶结软岩巷道围岩的破坏特征及本构关系,对矿山动力灾害防控和巷道稳定性评价均具有重要的工程应用价值。

　　由于地质条件的复杂性及岩体岩性分布的离散性,在其他地区开展的关于岩体力学性质测试的试验成果并不完全适用于西部矿区软岩。因此,本章将以西部典型矿区弱胶结软岩和煤样为研究对象,通过室内试验,研究其在不同应力状态下的破坏形态和损伤行为,建立弱胶结软岩的本构模型及峰后强度演化方程,为数值计算和工程应用提供理论依据。

2.2　弱胶结软岩和煤样的变形与破坏特性

2.2.1　弱胶结泥岩岩样和煤样制备

　　本试验岩样和煤样均采自新疆伊犁矿区某水平运输大巷,该矿区岩层的岩性为典型的弱胶结软岩。取样后立即封固以保持其自然含水量,封固与装箱后的煤样、岩样如图 2-1 所示。

　　弱胶结、低强度和易扰动特性造成泥岩岩样制备过程中易出现贯通裂缝,试样制备成功率在 35% 左右,但煤样相对较完整。按照岩石力学试验标准,所有试样均加工成直径为 50 mm、高度为 100 mm 的圆柱体。本试验共加工泥岩、煤

图 2-1　封固与装箱后的煤样、岩样

样单轴和三轴压缩试样各 3～5 组，每组 3～5 个试件（如图 2-2 和图 2-3 所示）。试样编号记为 A-B-i，其中 A 代表压缩方式（D 为单轴压缩，S 为三轴压缩），B 代表岩样种类（N 为泥岩，M 为煤岩），i 为试样编号。

图 2-2　加工好的岩样和煤样

图 2-3　制备并包装好的试件

2.2.2　试验方法

采用 TAW-2000 伺服岩石三轴试验机,在试样轴向和径向分别安装引伸计测试轴向和径向应变(如图 2-4)。正式加载前,首先施加 0.2 kN 的预压载荷,以保证试件与试验机加载装置紧密接触。单轴和三轴压缩均以 0.2 mm/min 的轴向位移速率加载,直至试件破坏。三轴压缩时先以 15 N/s 的速率施加围压至预定值(本试验取侧压力值分别为 1 MPa、3 MPa、5 MPa),在试验过程中始终保持此侧压力值恒定,变动范围不应超过选定值的±2%,然后再以 0.2 mm/min 的稳定加载速率施加轴向载荷直至试件破坏。

 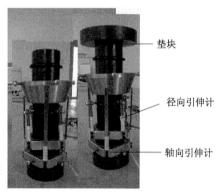

图 2-4　试验仪器及引伸计安装

2.2.3　弱胶结泥岩的变形及破坏特性分析

图 2-5 为不同含水率泥岩岩样单轴压缩下的典型破坏形态。对含水率(16.94%)接近饱和状态的岩样,如图 2-5(a)中的 D-N-1 所示,加载至弹性极限后,试件开始变粗并缩短,表面局部呈鳞片状剥落,整体因崩解失稳而破坏;而对含水率低、相对干燥的岩样,如图 2-5(b)中的试样 D-N-2 和 D-N-3 所示,则属于标准的柱状劈裂破坏模式。

图 2-6 为不同含水率泥岩岩样单轴压缩下的应力-应变曲线。3 类岩样在加载过程中达到峰值强度后均在整体上迅速发生破坏,几乎没有残余强度。由于岩样的胶结度差,岩样中的原生裂隙、节理分布状态和密度分布不同,加之含水率差异,导致泥岩岩样强度低,并且离散性较大,3 类岩样的单轴抗压强度分别为 5.79 MPa、8.14 MPa、8.45 MPa。

图 2-7 为泥岩岩样在不同围压下的应力-应变曲线。围压对岩样应力-应变

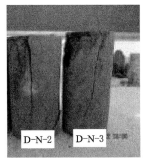

（a）高含水率泥岩的崩解破坏　　　（b）低含水率泥岩的柱状劈裂破坏

图 2-5　不同含水率泥岩岩样单轴压缩下的典型破坏形态

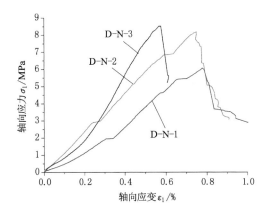

图 2-6　不同含水率泥岩岩样单轴压缩下的应力-应变曲线

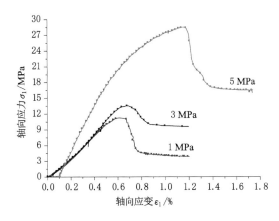

图 2-7　泥岩岩样在不同围压下的应力-应变曲线

曲线形态和变形特性具有显著影响,峰值强度和残余强度均随围压的增大而变大。与坚硬岩石类似,弱胶结泥岩的全应力-应变曲线也可分为初始压密阶段、弹性变形阶段、塑性硬化变形阶段和应变软化阶段,但是各阶段的极限应变通常都比一般软岩小得多。

由于环向围压抑制了试样内部微裂纹的发展,三轴压缩下泥岩的破坏形态从劈裂破坏向剪切破坏转变。图 2-8 为泥岩岩样的破坏形态随围压的变化图。与 0 MPa 时的柱状劈裂破坏不同,当围压为 1 MPa 和 3 MPa 时,岩样呈现明显的单剪破坏模式,但剪切带宽度随围压的增大而减小;当围压增大到 5 MPa 时,试样表面没有出现很明显的破裂面,岩体的破坏由剪切破坏向整体塑性软化转变。可见,围压的增大有效地抑制了岩体内部原生裂隙的扩展及由内部晶粒滑移造成的剪切破坏。

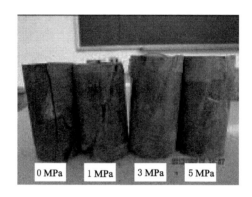

图 2-8　泥岩岩样的破坏形态随围压的变化图

2.2.4　煤样的力学特性及破坏形态分析

图 2-9 为煤样单轴压缩下的破坏形态。总体来看,煤样的破坏以柱状劈裂破坏为主,破坏时只出现一条主破坏裂纹,未出现局部破碎现象,破坏后煤样完整性较好,说明煤样内部原生裂隙不发育,整体性较好,在轴向载荷作用下,产生张拉破坏。

从煤样的单轴压缩应力-应变曲线(图 2-10)来看:两煤样的变形过程基本重合,具有相同的变化趋势,均为达到峰值强度后迅速劈裂破坏,无残余强度;但两煤样峰值强度不同,D-M-1 为 4.98 MPa,D-M-2 为 5.23 MPa,强度均低于顶、底板泥岩的强度;两煤样单轴强度虽有差异,但相差不大。综合图 2-9 和图 2-10 来看,该地区煤体完整性较好,力学性质的离散性较小。

图 2-9 煤样单轴压缩下的破坏形态

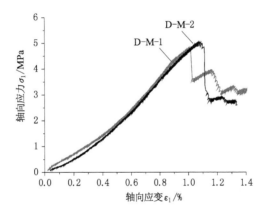

图 2-10 煤样的单轴压缩应力-应变曲线

图 2-11 为煤样在三轴压缩下的应力-应变曲线。随着围压的升高,峰值强度和残余强度不断增大,但围压对峰前弹性模量影响不大,不同围压下煤样的弹性变形阶段基本重合,而且峰值强度随围压增大不断后移,说明围压增大提高了煤样的整体塑性。低围压下,峰值应力后出现较大的应力跌落。

图 2-12 为煤样的破坏形态随围压的变化图。围压的增加使得煤样的破坏由脆性劈裂向塑性剪切破坏转变。当围压为 1 MPa 时,为单一的剪切带,方位大约为顶底面的对角线,与水平线成 63.4°角;当围压增加到 3 MPa 时,出现两条共轭的剪切带,与水平线夹角大约为 59.9°;当围压为 5 MPa 时,呈现整体塑性软化破坏,没有明显的破坏剪切带。

利用图 2-7 和图 2-11 可得泥岩和煤体在不同围压下的峰值强度(均值),泥岩和煤样强度随围压的变化规律如图 2-13 所示。

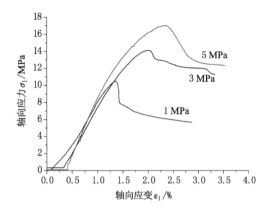

图 2-11　煤样在三轴压缩下的应力-应变曲线

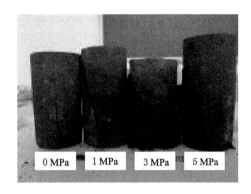

图 2-12　煤样的破坏形态随围压的变化图

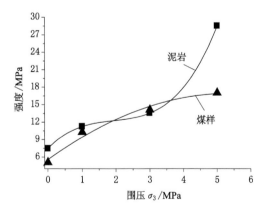

图 2-13　泥岩和煤样强度随围压的变化规律

泥岩强度随围压变化的回归方程为：

$$\sigma_c^N = 7.46 + 6.15\sigma_3 - 2.86\sigma_3^2 + 0.49\sigma_3^3 \tag{2-1}$$

煤样强度随围压变化的回归方程为：

$$\sigma_c^M = 5.56 + 4.24\sigma_3 - 0.39\sigma_3^2 \tag{2-2}$$

由于泥岩原生裂隙较多，其强度对围压的敏感性要大于煤样强度对围压的敏感性。围压大于 3 MPa 后，泥岩的强度随围压增大快速增加，相比之下，煤样的强度随围压变化要缓慢一些。

2.3　弱胶结软岩的三向压缩损伤行为

2.3.1　软岩损伤行为研究现状

岩体的破裂是内部缺陷不断损伤演化的过程。这种渐进破坏过程是岩体内部存在的众多强度不同的薄弱环节在加载过程中产生连续损伤造成的，因此从损伤角度研究岩体的破坏比传统的弹塑性方法和非线弹性处理方法更具优势。目前，对于软岩的损伤问题研究已取得了不少成果。如结合三轴试验，通过引入损伤因子或构建损伤势函数导出宏观损伤演化方程，建立描述泥岩峰后效应、脆性断裂、水致劣化、软化以及膨胀效应的损伤本构模型[1-8]；采用扫描电镜可从细观和微观角度分析岩样的蠕变、损伤、硬化效应的相互作用[9]；考虑时效劣化和含水弱化对岩石蠕变参数的劣化效应，开展不同含水状态的软岩蠕变试验，提出蠕变损伤模型[10-11]，基于能量耗散的损伤变量，采用递推法建立循环加载下的岩石损伤本构模型[12]。

实际上，岩体宏观上表现出来的破坏是许多不均质的微观结构破坏的综合表现，这种岩体内部的非均质破坏采用统计方法来处理更加合理。自 Krajcinovic 等[13]引入概率损伤概念以来，利用损伤统计理论研究各类岩石的本构关系取得了大量的成果。如针对芒硝的应变硬化特性改进的统计损伤模型研究[14]，考虑加载端面摩擦效应建立的煤样统计损伤尺度本构模型研究[15-16]，假定细观单元应变服从正态分布建立的岩石受压本构模型研究[17]，针对均质度参数对屈服点、峰值点和失稳点位置关系的影响研究[18]，以及围岩对损伤度和峰值累计临界损伤度的影响等研究[19]。以上研究能较准确地描述岩体峰前塑性硬化阶段的变形，但对于应变软化特征，尤其是残余变形认识不足。为此，学者又提出了可考虑体积变化和峰后残余阶段以及损伤阈值的应变软化模型[20-22]，建立了能够反映岩石偏应力-应变关系、岩石损伤初始点和峰后应变软化特性的统计损伤软化本构模型[23]，以及能够反映剪切面残余强度的本构模型[24]。以上成果均从强度衰减角度反映岩体破坏后的残余强度,由于本构关系模型涉及参数较多且不易标定,无法建立岩体的变形特征与破坏间的联系。

2.3.2 弱胶结泥岩的损伤行为

从新疆伊犁矿区采集的泥岩来看,岩样呈深灰色,结构致密,具有易崩解、易风化、强度低的特点。泥岩本身含有裂隙,在岩样加工过程中其承受挤压和摩擦力作用,使得裂隙扩展、裂隙间可见夹层。岩样的内部裂隙如图 2-14 所示。采用锯条切割时,岩样两侧呈现比较大的鳞片状剥落,试件制备成功率低。

图 2-14　岩样的内部裂隙

设泥岩在压缩过程中的损伤变量为 D,根据勒梅特(Le Maitre)等效应变原理可得:

$$\varepsilon_1 = \frac{1}{E}\left[\frac{\sigma_1}{1-D} - \nu\left(\frac{\sigma_2}{1-D} + \frac{\sigma_3}{1-D}\right)\right] \tag{2-3}$$

常规三轴压缩满足 $\sigma_2 = \sigma_3$,解式(2-3)得:

$$D = 1 - \frac{\varepsilon_1^{\mathrm{e}}}{\varepsilon_1} = \frac{\varepsilon_1^{\mathrm{p}}}{\varepsilon_1} \tag{2-4}$$

式中:$\varepsilon_1^{\mathrm{e}} = (\sigma_1 - 2\nu\sigma_3)/E$,为试件加载过程中产生的弹性应变;$\varepsilon_1^{\mathrm{p}}$ 为试件加载过程中产生的塑性应变。

由式(2-4),再利用图 2-7 实测数据可推演泥岩损伤变量的变化规律。图 2-15 为围压为 1 MPa 时损伤变量的空间分布。由于岩样内部具有微裂隙、孔洞等初始损伤,在三向应力作用下,开始阶段内部裂隙被压密,体积不断减小,因此损伤变量不断减小;当损伤变量降低到最低点之后,随轴压的增大,内部又产生新的微裂隙,随后裂隙扩展、贯通,损伤变量不断增大,最终岩样呈现压剪破坏。损伤变量的这种变化规律在岩样受拉时是不会出现的。

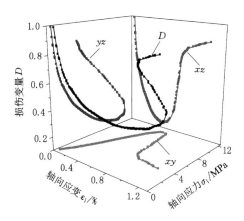

图 2-15　围压为 1 MPa 时损伤变量的空间分布

图 2-16 给出了围压为 1 MPa 时损伤变量与变形特征点的对应关系。综合图 2-15 和图 2-16,可见泥岩的破坏呈现以下几个特点:

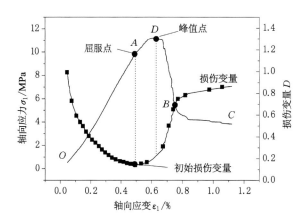

图 2-16　围压为 1 MPa 时损伤变量与变形特征点的对应关系

(1) 泥岩损伤变量没有明显的水平阶段,说明三轴压缩下没有真正意义上的弹性变形阶段或者该阶段很短,因为在弹性变形阶段,损伤变量应保持为常数。

(2) 屈服点 A 恰好对应损伤变量最低点,而且该点之后损伤变量急剧增大,因此屈服点可视为泥岩破坏的起始点,该点之前试样处于裂隙压密状态。由于泥岩进入破坏阶段之前存在初始损伤,因此该点损伤变量不为零,在本构模型中应予以考虑。

（3）在 AB 段损伤变量急剧增大，说明破坏主要产生在该区域，峰后 BD 段的损伤要比峰前 AD 段的损伤更剧烈；BC 段损伤变量基本保持不变，可视为残余阶段。实际上 B 点也是峰后应力-应变曲线凹凸性的转折点，残余阶段损伤变量 $D<1$。

2.4 弱胶结软岩的损伤本构关系

2.4.1 损伤变量

根据微元强度统计理论[25]，岩样的宏观劣化是内部微元破坏累积的结果。选取应变 ε 作为随机变量，则损伤变量与微元破坏的概率密度之间存在如下关系：

$$\frac{\mathrm{d}D}{\mathrm{d}\varepsilon} = \varphi(\varepsilon) \tag{2-5}$$

式中，$\varphi(\varepsilon)$ 为损伤变量变化率。从试验结果看，泥岩的损伤集中在峰值点前后，设 $\varphi(\varepsilon)$ 服从 Weibull 分布，即：

$$\varphi(\varepsilon) = ab\varepsilon^{b-1}\exp(-a\varepsilon^b) \tag{2-6}$$

式中，a 和 b 为常数，可由试验确定。将式（2-6）代入式（2-5）可得：

$$D = \int_0^\varepsilon \varphi(\varepsilon)\mathrm{d}\varepsilon = 1 - \exp(-a\varepsilon^b) \tag{2-7}$$

2.4.2 泥岩的损伤本构关系

由于岩样内部存在初始损伤，而且破坏后具有残余强度，即损伤变量应满足 $D<1$，因此引入修正系数 λ，由式（2-3）得到本构关系方程：

$$\sigma_1 = E\varepsilon(1-\lambda D) + 2\nu\sigma_3 \tag{2-8}$$

将式（2-7）代入式（2-8）得：

$$\sigma_1 = E\varepsilon[1 - \lambda + \lambda\exp(-a\varepsilon^b)] + 2\nu\sigma_3 \tag{2-9}$$

峰前弹性模量与围压有关，为寻找两者之间的关系，利用试验结果绘制 E-σ_3 的散点图，如图 2-17 所示。其中弹性模量可利用应力-应变曲线弹性阶段的平均斜率求得。

由抛物线拟合得到：

$$E(\sigma_3) = 2.02 - 8.733\sigma_3 + 1.099\sigma_3^2 \tag{2-10}$$

因此，为体现围压对弹性模量的影响，式（2-9）中弹性模量 E 可用 $E(\sigma_3)$ 进行修正。将式（2-9）线性变换得到：

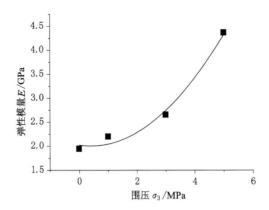

图 2-17　泥岩弹性模量与围压的关系

$$\sigma_{\mathrm{q}} = A + b\varepsilon_{\mathrm{q}} \tag{2-11}$$

式中,定义 $\varepsilon_1^{\mathrm{e}} = (\sigma_1 - 2\nu\sigma_3)/E$, $\xi = \varepsilon_1^{\mathrm{e}}/\varepsilon_1$, $\kappa = \ln(\xi/\lambda + 1 - 1/\lambda)$, 当量应力 $\sigma_{\mathrm{q}} = \ln(-\kappa)$, 当量应变 $\varepsilon_{\mathrm{q}} = \ln\varepsilon_1$, $A = \ln a$。

图 2-18 为围压 3 MPa 时当量应力和当量应变的对应关系。图 2-19 为不同围压下当量应力与当量应变的变化关系。可见,不同围压下当量应力与当量应变之间并不是简单的线性关系,无法采用一条直线进行线性拟合。通过数据分析发现图 2-19 中 σ_{q} 和 ε_{q} 之间存在很鲜明的规律性。以 1 MPa 为例,图中 A, B 两点恰好对应图 2-16 中应力-应变曲线的屈服点和残余阶段起始点,即分界点恰好是变形破坏的特征点。OA 和 BC 段线性度较好,可采用式(2-11)直线方程进行拟合,分别设为:

$$\begin{cases} \sigma_{\mathrm{q}} = A_1 + b_1\varepsilon_{\mathrm{q}} & (\varepsilon_1 < \varepsilon_{\mathrm{s}}) \\ \sigma_{\mathrm{q}} = A_2 + b_2\varepsilon_{\mathrm{q}} & (\varepsilon_1 > \varepsilon_{\mathrm{c}}) \end{cases} \tag{2-12}$$

式中,ε_{s}, ε_{c} 分别表示屈服点和残余阶段起始点对应的应变。

由于 AB 段线性度并不理想,而且包含峰值点等重要力学特征点,考虑泥岩应变软化的特点,利用极值特性确定该段的模型参数。设应力-应变曲线峰值点对应的应变分别为 $\sigma_{1\mathrm{p}}$ 和 $\varepsilon_{1\mathrm{p}}$,根据极值理论,该处满足:

$$\begin{cases} \left.\dfrac{\mathrm{d}\sigma_1}{\mathrm{d}\varepsilon_1}\right|_{\varepsilon_1 = \varepsilon_{1\mathrm{p}}} = 0 \\ \sigma_{1\mathrm{p}} = f(\varepsilon_{1\mathrm{p}}) \end{cases} \tag{2-13}$$

将式(2-9)代入式(2-13)得:

$$a = -\kappa_{\mathrm{p}}\varepsilon_{1\mathrm{p}}^{\frac{1}{\kappa_{\mathrm{p}}^{\mathrm{e}}}}, \quad b = -\frac{1}{\kappa_{\mathrm{p}}\xi_{\mathrm{p}}} \tag{2-14}$$

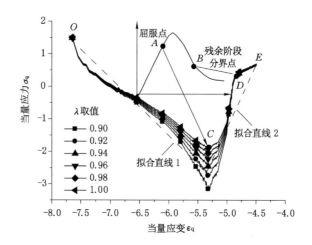

图 2-18　围压 3 MPa 时当量应力和当量应变的对应关系

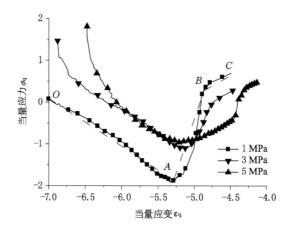

图 2-19　不同围压下当量应力与当量应变的变化关系

式中，$\xi_p = \varepsilon_{1p}^e / \varepsilon_{1p}$，$\varepsilon_{1p}^e = (\sigma_{1p} - 2\nu\sigma_3)/E$，$\kappa_p = \ln(\xi_p/\lambda + 1 - 1/\lambda)$，$\varepsilon_{1p}^e$ 表示峰值点对应的弹性应变。很多文献将峰前阶段简化为弹性变形阶段来处理，此时 $\varepsilon_{1p}^e = \varepsilon_{1p}$，即 $\xi_p = 1$，而 $\kappa = 0$，故 $a = 0$，$b \to \infty$，这种简化方法认为泥岩的破坏起始点在峰值处，明显不合理。

2.4.3　本构模型的可靠性分析

综合以上分析，式（2-9）即为考虑残余强度的泥岩统计损伤本构模型。要全面反映泥岩的变形破坏特征,应以破坏特征点,即屈服点、残余阶段起始点为界,分段进行拟合。目前模型参数的确定方法有两类:一是利用应变软化的极值特性,确定模型参数,该方法对于峰值强度拟合效果较好,但是无法全面反映岩体的变形破坏特点;二是单一线性拟合方法,对峰值点附近数据进行拟合以此得到的方程作为岩体本构模型,该方法对于峰值强度附近变形特征反映不准确。

为对比不同拟合方法得到的结果差异,图 2-20 给出了围压为 1 MPa 时不同拟合结果与试验数据比较。图 2-20(a)为采用峰值理论得到的拟合结果与试验数据比较,该方法能够准确反映应力-应变曲线的极值特性,由式(2-13)可知,当 $\varepsilon = 0$ 时,初始弹性模量为 $E_0 = \mathrm{d}\sigma_1/\mathrm{d}\varepsilon_1(\varepsilon_1 = 0)$,拟合曲线放大了峰前阶段岩体的变形模量。由于峰后曲线较试验数据偏软,因此亦放大了岩体的塑性行为。图 2-20(b)为采用线性拟合处理方法得到的拟合结果与试验数据的比较,由图 2-18 可知当量应力与当量应变之间并不是严格的线性关系,而是近似简化为分段线性,而且在包含峰值点的 AB 段,线性度并不高,拟合曲线降低了岩体实际的峰值强度,峰前变形特性反映也不准确。本书模型拟合克服了以上两种方法的缺陷,如图 2-20(c)所示。利用破坏特征点将曲线分为三个不同的变形段,分别采用线性拟合和峰值理论拟合的联合拟合方法,可以较准确地将泥岩的变形破坏特征描述出来。根据对比结果,$\lambda = 0.95$ 时拟合曲线与试验残余阶段吻合较好。不同 λ 下前两个阶段基本重合,但对模型的残余阶段变形却有较大影响,所以 λ 所反映的是残余强度。设泥岩的残余强度为 σ_{1c},根据式(2-12),λ 可采用以下方法估算:

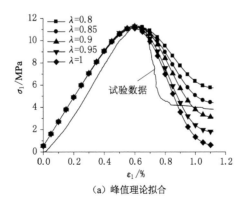

(a) 峰值理论拟合

图 2-20　围压为 1 MPa 时不同拟合结果与试验数据比较

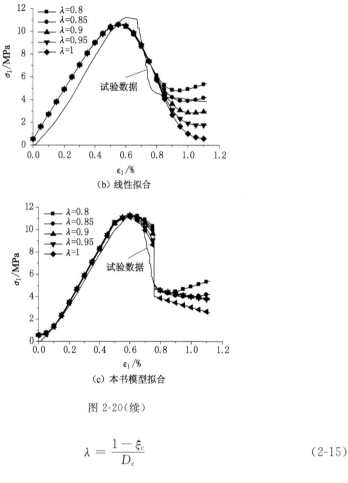

（b）线性拟合

（c）本书模型拟合

图 2-20（续）

$$\lambda = \frac{1 - \xi_c}{D_c} \tag{2-15}$$

式中，$\xi_c = \dfrac{\varepsilon_{1c}^e}{\varepsilon_{1c}}$，$\varepsilon_{1c}^e = (\sigma_{1c} - 2\nu\sigma_3)/E$，$D_c$ 为残余阶段损伤变量。

2.4.4 泥岩的损伤行为与围压的关系

泥岩的破坏与三个破坏特征点的位置及其变化规律有密切关系。图 2-21 为破坏特征点应力随围压的变化，三个破坏特征点的应力均随围压的增大而增大，但围压对峰值应力的影响最显著，当围压＞3 MPa 时，峰值应力急剧增大；当围压＝5 MPa 时，残余应力与屈服应力近似相等；从变化趋势来看，当围压＞5 MPa 时，残余强度将超过屈服强度，这是高围压下泥岩由应变软化向应变硬化转化的结果。

图 2-22 为破坏特征点应变随围压的变化，峰值点和残余点的应变均随围压

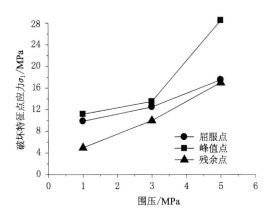

图 2-21　破坏特征点应力随围压的变化

的增大而增大,而且具有相同的变化趋势,但是屈服点的应变随围压的增大先变大后减小。这说明随着围压的增大,峰值点和残余点产生在更大的变形处,泥岩塑性性能得到提高。由于屈服点是损伤初始点,说明较高围压(>3 MPa)下,损伤初始点较低围压下提前了,此时泥岩产生整体塑性剪切破坏。

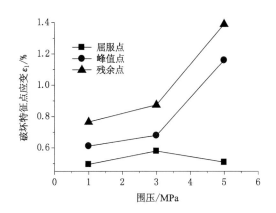

图 2-22　破坏特征点应变随围压的变化

　　不同围压下的损伤变量变化比较如图 2-23 所示。从损伤变量的整个发展过程来看,屈服点之后,高围压下的损伤变量明显低于低围压下的损伤变量,说明围压对泥岩的损伤具有抑制作用。峰值损伤产生在更大的应变处,而且随围压的增大显著减小。当围压>3 MPa 时,屈服点(损伤初始点)有前移的趋势,这一点与图 2-21 分析结果是一致的。

　　从以上分析结果来看,泥岩的损伤存在如下特征:

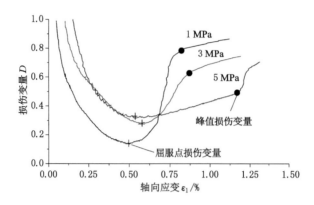

图 2-23　不同围压下的损伤变量变化比较

（1）泥岩内部微裂隙、软夹层等弱结构导致岩体内部存在天然损伤,因此泥岩在三轴压缩下损伤变量呈现先减小后增大,然后基本不变的变化规律。

（2）因为损伤变量峰前没有水平段,所以泥岩三轴压缩下并不存在严格意义上的线弹性阶段。将损伤变量分为下降、急剧增大、保持不变三段,其变化特征点恰好与三轴压缩应力-应变曲线的屈服点、残余点相对应,为此将泥岩的变形分为压密、破坏、残余三个阶段。

（3）当围压＝5 MPa 时,残余应力与屈服应力近似相等;当围压＞5 MPa 时,残余强度将超过屈服强度,泥岩由应变软化向应变硬化转化;当围压＞3 MPa 时,屈服点(损伤初始点)有前移的趋势,这是由泥岩产生整体塑性剪切破坏造成的。

（4）从泥岩变形三阶段出发建立统计损伤本构模型,比单一峰值强度理论更能准确地描述软岩的破坏过程,在统计损伤模型中引入修正系数 λ,可以较准确地描述泥岩的残余变形阶段。

2.5　考虑刚度劣化的弱胶结软岩强度衰减规律

地下工程开挖将改变硐室一定区域围岩的赋存应力场,使部分岩体处于峰后应力状态,导致其承载力急剧下降,因此岩体的峰后力学行为对地下岩体工程的稳定性起着关键作用。岩体峰后承载力的下降实质上是岩体内部损伤积累到一定程度导致力学参数产生衰减的结果。因此,研究岩体的峰后强度演化规律对于提高巷道安全性和数值计算精度具有重要意义。

2.5.1　弱胶结泥岩的刚度劣化分析模型

一般地下工程围岩均具有应变软化特性[26],这在西部矿区弱胶结软岩中表现更为突出。岩体的峰后应力-应变曲线形态实际上包含了力学参数演化信息。大量的岩体加、卸载试验已经表明岩体的峰后弹性模量存在劣化损伤。而现有成果中多以研究强度参数衰减规律为主,这些研究均假设峰后弹性模量保持不变,显然与实际不符。

图 2-24 为不同围压下弱胶结泥岩的三轴压缩曲线。不管是峰前阶段还是峰后应变软化阶段,其变形对围压都有很强的敏感性,即使在低围压下,岩石也具有明显的残余强度,表现为剪切破坏特征,这一点跟硬岩是有区别的。

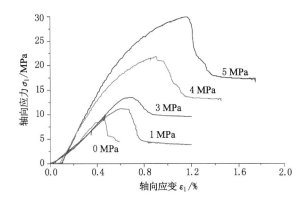

图 2-24　不同围压下弱胶结泥岩的三轴压缩曲线

从泥岩整个破坏过程来看,其损伤阈值点应在屈服点。由于峰前岩体内部微裂隙演化较为复杂,损伤水平较低,导致其刚度和强度参数演化缺乏规律性。峰值点 B 之后,由于裂隙贯通,损伤达到了一定程度,岩体出现集中破坏,若在峰后任一点 K 处卸载,则其卸载弹性模量 E_s 要明显小于峰前弹性模量 E_0,此即为峰后刚度劣化现象,如图 2-25 所示。

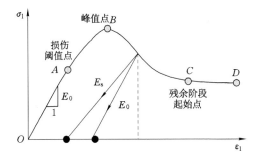

图 2-25　泥岩压缩过程中的刚度劣化

由于 AB 段(图 2-25)较短暂,将其视为 OA 弹性段的外延。为此,采用直线形式的塑性应变软化模型对泥岩三轴压缩曲线进行简化,如图 2-26 所示将岩体的变形过程简化为三直线形式。其中 OB 段包含峰前原生裂隙压密、闭合,新生裂隙发展(很短);BC 段裂隙扩展、贯通,岩体产生明显的强度和刚度劣化;CD 段为残余阶段。对常规三轴压缩试验,为考虑围压的影响,定义纵坐标等效应力为 $\sigma_e = \sigma_1 - 2\nu\sigma_3$,不考虑压缩过程中泊松比的变化,在一定围压下 σ_e 相当于在 σ_1 基础上叠加一个常量,因此 σ_e-ε_1 曲线形态与 σ_1-ε_1 曲线形态是一致的。

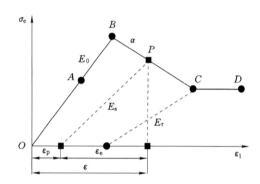

图 2-26　泥岩的线性应变软化简化模型

定义峰后软化模量为 α,设峰值点和残余点弹性模量分别为 E_c 和 E_r。由于不考虑峰前屈服阶段刚度损伤,故 $E_c = E_0$。引入峰后刚度衰减系数 $\omega \in [0, 1]$,则峰后任意应力点 P 对应的卸载弹性模量可定义为:

$$E_s = (1 - \omega)E_c + \omega E_r \tag{2-16}$$

当 $\omega = 0$ 时,$E_s = E_0$,即为峰值点弹性模量;当 $\omega = 1$ 时,$E_s = E_r$。在特定围压下,E_s 为 ω 的函数。

2.5.2　泥岩峰后强度参数衰减演化方程

峰后软化段直线方程为:

$$\sigma_1 = \sigma_{1c} - \alpha(\varepsilon_1 - \varepsilon_{1c}) \tag{2-17}$$

式中,σ_{1c} 和 σ_1 分别为峰值点和峰后 P 点对应的轴向应力,ε_{1c} 为峰值点应变,ε_1 为 P 点对应的总应变,并且:

$$\varepsilon_1 = \varepsilon_{1e} + \varepsilon_{1p} \tag{2-18}$$

式中,ε_{1e} 和 ε_{1p} 分别表示弹性应变和塑性应变。

对于常规三轴压缩,P 点弹性应变为:

$$\varepsilon_{1e} = \frac{\sigma_e}{E_s} \tag{2-19}$$

所以 P 点的塑性应变为：

$$\varepsilon_{1p} = \varepsilon_{1c} + \frac{\sigma_{1c} - \sigma_1}{\alpha} - \frac{\sigma_e}{E_s} \tag{2-20}$$

若不考虑刚度劣化，则峰后任一点弹性应变为 $\varepsilon'_{1e} = \sigma_e/E_0$，由于 $E_s < E_0$，显然，由损伤机制造成的刚度劣化导致峰后任一点的塑性应变变小了。岩体的变形是一个损伤机制与塑性机制相耦合的过程。

假设岩体加载至峰值点之后任意应力状态下均满足莫尔-库仑屈服准则，即任一点的应力状态均在屈服面 Φ 上，则：

$$\Phi = \sigma_1 - \xi\sigma_3 - 2C\sqrt{\xi} \tag{2-21}$$

式中，$\xi = (1 + \sin \varphi)/(1 - \sin \varphi)$，$C$ 和 φ 为岩体在应变软化段后继屈服面上的黏聚力及内摩擦角。由于岩体损伤导致其峰后产生刚度和强度衰减，因此黏聚力 C 和内摩擦角 φ 并不是常数，若选取等效塑性剪切应变 ε^{ps} 为软化参量，则黏聚力 C 和内摩擦角 φ 应为围压 σ_3 和 ε^{ps} 的函数，即在峰后任意加载点均应满足：

$$\sigma_1 - \xi(\sigma_3, \varepsilon^{ps})\sigma_3 - 2C(\sigma_3, \varepsilon^{ps})\sqrt{\xi(\sigma_3, \varepsilon^{ps})} = 0 \tag{2-22}$$

不考虑中间主应力 σ_2 的影响，等效塑性剪切应变为：

$$\varepsilon^{ps} = \sqrt{\frac{1}{2}\left[(\varepsilon_{1p} - \varepsilon_{mp})^2 + (\varepsilon_{3p} - \varepsilon_{mp})^2 + \varepsilon_{mp}^2\right]} \tag{2-23}$$

式中，$\varepsilon_{mp} = (\varepsilon_{1p} + \varepsilon_{3p})/3$。

考虑岩体峰后扩容效应，由塑性流动法则，设软化阶段扩容梯度为 η，则侧向应变为：

$$\varepsilon_{3p} = -\eta\varepsilon_{1p} \tag{2-24}$$

当 $\eta = 1$ 时，无扩容效应；当 $\eta > 1$ 时，将产生扩容效应。扩容梯度 η 应是围压的函数，即 $\eta = \eta(\sigma_3)$。联立式（2-23）和式（2-24），得到峰后任一点的等效塑性应变可改写为：

$$\varepsilon^{ps} = N \cdot \varepsilon_{1p} \tag{2-25}$$

其中，

$$N = \sqrt{\frac{1 + \eta + \eta^2}{3}}$$

由式（2-19）和式（2-20）可得岩体峰后强度与塑性应变的关系为：

$$\sigma_1 = \frac{1 + \dfrac{\alpha}{E_0}}{1 + \dfrac{\alpha}{E_s}}\sigma_{1c} - \frac{\alpha}{1 + \dfrac{\alpha}{E_s}}\varepsilon_{1p} + 2\nu\frac{\dfrac{\alpha}{E_s} - \dfrac{\alpha}{E_0}}{1 + \dfrac{\alpha}{E_s}}\sigma_3 \tag{2-26}$$

设岩体初始黏聚力和内摩擦角分别为 C_0 和 φ_0，当加载到峰值点时，岩体恰好产生初始屈服，则初始屈服面满足下式：

$$\Phi_0 = \sigma_{1c} - \xi_0 \sigma_3 - 2C_0\sqrt{\xi_0} = 0 \qquad (2\text{-}27)$$

式中，$\xi_0 = (1 + \sin\varphi_0)/(1 - \sin\varphi_0)$。

由式(2-27)得：

$$\sigma_{1c} = \xi_0 \sigma_3 + 2C_0\sqrt{\xi_0} \qquad (2\text{-}28)$$

联立式(2-22)、式(2-25)、式(2-26)和式(2-28)得：

$$\varphi = \arcsin\frac{A_1\xi_0 + A_2 - 1}{A_1\xi_0 + A_2 + 1} \qquad (2\text{-}29)$$

$$C = A_1 C_0\sqrt{\frac{\xi_0}{A_1\xi_0 + A_2}} - \frac{A_3\varepsilon_{ps}}{N\sqrt{A_1\xi_0 + A_2}} \qquad (2\text{-}30)$$

式中，$A_1 = \dfrac{1 + \dfrac{\alpha}{E_0}}{1 + \dfrac{\alpha}{E_s}}, A_2 = 2\nu\dfrac{\dfrac{\alpha}{E_s} - \dfrac{\alpha}{E_0}}{1 + \dfrac{\alpha}{E_s}}, A_3 = \dfrac{\alpha}{2\left(1 + \dfrac{\alpha}{E_s}\right)}$。

可见，内摩擦角反映的是岩体的摩擦强度特性，其峰后演化规律主要由瞬时应力状态和损伤机制所主导。黏聚力除了与应力水平和损伤机制有关外，还与岩体的塑性变形机制有关。若不考虑刚度劣化，即 $E_s = E_0$，则 $A_1 = 1, A_2 = 0, A_3$ 只与峰后软化模量 α 有关，此时峰后破裂阶段内摩擦角保持不变，黏聚力将随等效塑性应变线性衰减，这与张帆等的结论是一致的。式(2-29)和式(2-30)即为特定围压下，考虑刚度劣化时弱胶结软岩峰后强度参数的演化方程。

2.5.3 泥岩峰后强度演化规律分析

利用三轴压缩试验测得新疆伊犁矿区弱胶结泥岩的初始黏聚力 $C_0 = 4.5$ MPa，初始内摩擦角 $\varphi_0 = 44°$，泊松比 $\nu = 0.25$。其余参数见表 2-1。以下利用表 2-1 中参数分析该类岩体的峰后强度演化规律。

表 2-1　弱胶结泥岩计算参数

模型参数	围压 σ_3/MPa					
	0	1	2	3	4	5
软化模量 α/GPa	2.68	2.60	2.54	2.50	2.38	2.26
弹性模量 E_0/GPa	1.51	1.55	1.68	1.84	2.21	3.18
残余弹性模量 E_s/GPa	0.31	0.84	0.92	1.12	1.88	2.54
峰值点应变 ε_{1c}/%	0.425	0.611	0.635	0.679	0.875	1.16
峰值应力 σ_{1c}/MPa	6.42	9.97	11.70	14.10	21.30	39.30
扩容梯度 η	1.83	1.56	1.34	1.21	1.08	1.02

图 2-27 为按照式(2-29)计算得到的不同围压下峰后内摩擦角的演化规律曲线,由图可知,单轴压缩下,内摩擦角的衰减速度最快,衰减量最大。随着围压的增大,内摩擦角衰减速度逐渐减小。当围压达到 5 MPa 时,内摩擦角基本保持不变。围压从单轴压缩到高围压作用下残余内摩擦角分别为初始内摩擦角的 45.3%,78.3%,82.2%,85.7%,94.6%,98.0%。

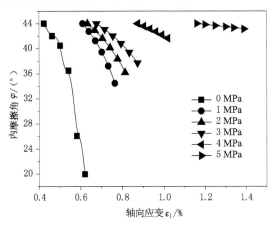

图 2-27　不同围压下峰后内摩擦角的演化规律

图 2-28 为利用式(2-30)得到的不同围压下峰后黏聚力的演化规律曲线。与内摩擦角的衰减规律相同,单轴压缩下岩体的黏聚力迅速衰减,随着围压的增大,衰减速度有减小趋势,但不明显,即使当围压增加到 5 MPa 时,泥岩的黏聚力也有较明显的衰减。围压从 0 MPa 到 5 MPa 变化时,残余黏聚力分别为初始黏聚力的 45.3%,72.2%,74.2%,75.9%,84.0%,87.1%。

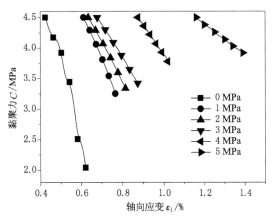

图 2-28　不同围压下峰后黏聚力的演化规律

图 2-29 为不同围压下的残余强度参数比较,随着围压增大,残余内摩擦角和残余黏聚力分别增大,在高围压下,增长速率变缓,内摩擦角趋于初始值。

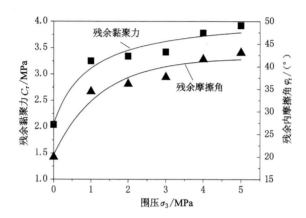

图 2-29　不同围压下的残余强度参数比较

对各数据点进行拟合得到残余内摩擦角 φ_r 与围压的关系为:

$$\varphi_r = 41.9 - 21.5\exp(-0.7\sigma_3) \tag{2-31}$$

残余黏聚力 C_r 与围压的关系为:

$$C_r = \exp\left(15.2 - \frac{0.46}{\sigma_3 + 0.67}\right) \tag{2-32}$$

式中,σ_3 的单位为 MPa。

为进一步分析泥岩的峰后刚度参数和强度参数与围压和等效塑性应变的关系,利用 MATLAB 数据拟合可得到不同围压下泥岩的峰后刚度和强度参数演化规律云图,如图 2-30 所示。

图 2-30(a) 为不同围压下泥岩的峰后刚度劣化规律云图。低围压下(≤3 MPa),云图变化明显,表明岩体峰后弹性模量劣化严重,如围压分别 0 MPa、1 MPa、2 MPa、3 MPa 时,残余刚度分别为峰前弹性模量的 20%,54%,55%,60%;当围压>3 MPa 时,云图变化较小,说明刚度损伤不明显,残余刚度较大,如围压分别 4 MPa、5 MPa 时,由于岩体压缩损伤而损失的刚度只占初始刚度的 15% 和 12%。

图 2-30(b)和图 2-30(c)分别为不同围压下泥岩的峰后黏聚力和内摩擦角随围压和等效塑性应变的演化规律云图。低围压下,在不同的等效塑性应变区,强度参数(黏聚力和内摩擦角)变化较明显,表明衰减严重。不同围压下岩体产生的等效塑性应变差别很大。当围压>3 MPa 时,强度参数衰减速率明显较小,云图变化较缓慢。

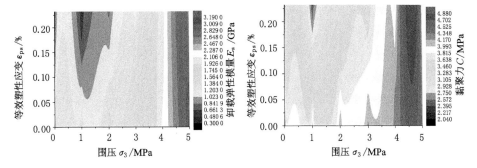

（a）不同围压下泥岩的峰后刚度劣化规律云图　　　（b）不同围压下泥岩的峰后黏聚力演化规律云图

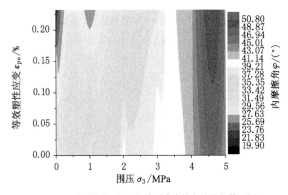

（c）不同围压下泥岩的峰后内摩擦角演化规律云图

图 2-30　不同围压下泥岩的峰后刚度和强度参数演化规律云图

2.5.4　峰后强度演化模型验证

为验证模型的准确性，将本书模型嵌入通用软件，将数值结果与试验结果进行比较。FLAC^{3D}中内置的应变软化模型假定峰后岩体的强度参数随等效塑性剪切应变呈线性衰减，并且没有考虑峰后刚度劣化的影响。因此，本书对 FLAC^{3D} 中内置应变软化模型进行修正，利用 Fish 语言编程，使弱胶结软岩的峰后强度参数按照式（2-29）和式（2-30）的规律进行衰减。泥岩岩样的物理力学参数见表 2-2。

表 2-2　泥岩岩样的物理力学参数

岩样	弹性模量/MPa	泊松比	黏聚力/MPa	内摩擦角/(°)	抗拉强度/MPa
泥岩	2 100	0.252	4.5	44	1.11

图 2-31 为泥岩的三轴压缩数值计算模型。采用位移方式加载,加载速率 $v=$ $1×10^{-8}$ m/s,围压在 $0\sim5$ MPa 之间等间隔取值。

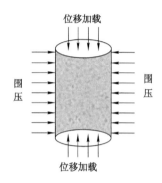

图 2-31　泥岩的三轴压缩数值计算模型

图 2-32 为泥岩三轴压缩数值计算结果与试验结果比较。显然,两者吻合较好,不同围压下两种结果的应力-应变曲线具有相同的变化趋势。低围压(0 MPa、1 MPa 和 2 MPa)下,模型能较准确地描述岩体的残余阶段,与试验结果吻合较好;高围压(3 MPa、4 MPa 和 5 MPa)下,数值计算残余强度与试验结果相比偏高。

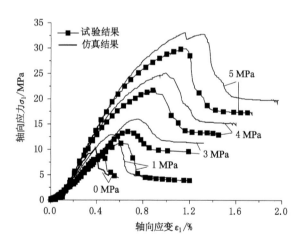

图 2-32　泥岩三轴压缩数值结果与试验结果比较

因为岩样内部微裂隙发育、扩展、贯通导致的岩体损伤极其复杂,数值模拟无法全面反映,所以整体来看,数值计算得到的岩体峰值强度略高于试验结果。此外,围压为 5 MPa 时,在峰值点附近,模拟结果出现小幅波动,这是数值计算

过程中由于岩体产生应变局部化导致变形不均匀造成的。从以上分析来看,弱胶结泥岩的峰后强度演化规律如下:

（1）弱胶结软岩损伤阈值点在屈服点,由于峰前损伤水平较低,屈服阶段较短暂,可将屈服段视为弹性阶段的外延,因此峰前变形可用直线代替。

（2）弱胶结软岩峰后弹性模量劣化明显,对峰后强度参数演化规律具有重要影响。峰后内摩擦角演化规律主要由应力状态和损伤机制主导。黏聚力除了与应力水平和损伤机制有关外,还受岩体的塑性变形机制影响。

（3）低围压下,峰后强度参数衰减速度较快。随着围压增加,衰减速度放缓,内摩擦角趋于初始值。残余强度参数随着围压的增加而增大。

（4）峰后强度参数演化方程可较准确地反映不同围压下考虑刚度劣化时岩体的强度衰减规律,为进一步研究弱胶结软岩巷道的稳定性提供了理论基础。

2.6　本章小结

西部矿区弱胶结软岩巷道围岩属弱胶结岩性,呈现出强度低、易风化、遇水泥化等软弱力学性能,围岩取样极其困难。

（1）本章针对西部典型矿区软岩巷道弱胶结泥岩及煤体,进行了室内单轴和三轴压缩力学试验;利用试验数据分析了泥岩和煤体在单轴和三轴压缩下的破坏特征。

（2）本章引入微元强度统计理论,建立了弱胶结软岩的统计损伤本构模型,并分析了泥岩在三轴压缩下的损伤行为。

（3）本章考虑峰后刚度损伤,基于莫尔-库仑屈服准则建立了弱胶结软岩的峰后强度演化规律。书中所得结论为进一步分析煤-岩复合围岩的整体力学行为奠定了基础。

本章参考文献

[1] 贾善坡,陈卫忠,于洪丹,等.泥岩弹塑性损伤本构模型及其参数辨识[J].岩土力学,2009,30(12):3607-3614.

[2] KOLMAYER P,FERNANDES R,CHAVANT C. Numerical implementation of a new rheological law for argilites[J]. Applied clay science,2004,26(1-4):499-510.

[3] CONIL N,DJERAN M I,CABRILLAC R. Thermodynamics modelling of plasticity and damage of argillite[J]. Comptes rendus mécanique,2004,332(10):841-848.

[4] CONIL N,DJERAN M I,CABRILLAC R,et al. Poroplastic damage model for claystones [J]. Applied clay science,2004,26(1-4):473-487.

弱胶结软岩巷道围岩灾变机理及锚固效应研究

[5] ZHANG C L,ROTHFUCHS T,SU K. Experimental study of the thermo-hydro-mechanical behaviour of indurated clays[J]. Physics and chemistry of the earth,2007,32(8-14): 957-965.

[6] JIA Y,SONG X C,DUVEAU G,et al. Elastoplastic damage modelling of argillite in partially saturated condition and application[J]. Physics and chemistry of the earth,2007,32 (8-14):656-666.

[7] 汪亦显,曹平,黄永恒,等.水作用下软岩软化与损伤断裂效应的时间相依性[J].四川大学学报(工程科学版),2010,42(4):55-61.

[8] 许宝田,钱七虎,阎长虹,等.泥岩损伤特性试验研究[J].工程地质学报,2010,18(4):534-537,585.

[9] 范秋雁,阳克青,王渭明.泥质软岩蠕变机制研究[J].岩石力学与工程学报,2010,29(8): 1555-1561.

[10] 杨秀荣,姜谙男,江宗斌.含水状态下软岩蠕变试验及损伤模型研究[J].岩土力学, 2018,39(增刊1):167-174.

[11] 于超云,唐春安,唐世斌.含水弱化的软岩变参数蠕变损伤模型研究[J].中国科技论文, 2015,10(3):300-304.

[12] LIU X S,NING J G,TAN Y L,et al. Damage constitutive model based on energy dissipation for intact rock subjected to cyclic loading[J]. International journal of rock mechanics and mining sciences,2016,85:27-32.

[13] KRAJCINOVIC D,SILVA M A G. Statistical aspects of the continuous damage theory [J]. International journal of solids and structures,1982,18(7):551-562.

[14] 刘新荣,王军保,李鹏,等.芒硝力学特性及其本构模型[J].解放军理工大学学报(自然科学版),2012,13(5):527-532.

[15] 宋良,刘卫群,靳翠军.考虑端面摩擦效应的煤样统计损伤尺度本构模型[J].工程力学, 2012,29(11):344-349.

[16] 李小峰,王军保.基于改进 Harris 分布的岩石损伤统计本构模型研究[J].地下空间与工程学报,2012,8(4):767-771.

[17] 杨卫忠,王博.基于细观损伤的岩石受压本构关系模型研究[J].郑州大学学报(工学版),2010,31(6):6-9.

[18] 张晓君.岩石损伤统计本构模型参数及其临界敏感性分析[J].采矿与安全工程学报, 2010,27(1):45-50.

[19] 康亚明,刘长武,贾延,等.岩石的统计损伤本构模型及临界损伤度研究[J].四川大学学报(工程科学版),2009,41(4):42-47.

[20] 曹文贵,赵衡,李翔,等.基于残余强度变形阶段特征的岩石变形全过程统计损伤模拟方法[J].土木工程学报,2012,45(6):139-145.

[21] 曹文贵,赵衡,张永杰,等.考虑体积变化影响的岩石应变软硬化损伤本构模型及参数确定方法[J].岩土力学,2011,32(3):647-654.

[22] 曹文贵,赵衡,张玲,等.考虑损伤阀值影响的岩石损伤统计软化本构模型及其参数确定方法[J].岩石力学与工程学报,2008,27(6):1148-1154.

[23] 潘继良,郭奇峰,田莉梅,等.基于统一强度理论的岩石统计损伤软化本构模型及其参数研究[J].矿业研究与开发,2019,39(8):38-42.

[24] 杨建平,陈卫忠,黄胜.一种岩石统计损伤本构模型的研究[J].岩土力学,2010,31(增刊2):7-11.

[25] 曹文贵,赵明华,刘成学.岩石损伤统计强度理论研究[J].岩土工程学报,2004,26(6):820-823.

[26] 王渭明,赵增辉,王磊.考虑刚度和强度劣化时弱胶结软岩巷道围岩的弹塑性损伤分析[J].采矿与安全工程学报,2013,30(5):679-685.

第3章 煤-岩组合模型的等效强度准则及界面效应影响分析

矿山井巷、隧道等地下工程大都处于岩性和受力状态不同的多层岩体中,因此将地下工程结构看作由不同岩性和厚度并且按一定的组合方式和层间黏结方式构成的"复合模型"更接近实际。目前对于均质单一岩石的力学行为研究已取得了较多成果。然而许多矿山灾害,如煤岩突出、顶板崩落、工作面闭合等与构成巷道围岩的不同岩性岩体相互作用表现出的整体力学行为有关。因此,将围岩看作"复合岩体",从整体上建立其宏观强度对于准确把握巷道的破坏机理具有重要的工程意义。

3.1 复合岩体的等效理论

矿山工程中巷道通常要穿越多层岩性不同的岩石,因此,开挖巷道影响范围内的围岩是由不同岩性岩体构成的非均质体。在每一层内岩体性质可看成均质的,然而层与层之间的岩性变化却是阶跃式的,这种复合岩体实际上是一种多相固体[1]。假设存在一个几何形状、外形尺寸和外部约束条件与非均质体相同的均匀固体,对于相同的外加作用 F,其与非均质体具有相同的某一力学响应 R,则该均匀固体可视为多相固体在外加作用 F 下关于响应 R 的等效体,如图 3-1 所示。显然,等效均质体是一个虚拟的力学模型。

对于几何形状和边界条件完全相同的岩石,在相同外载荷作用下表现出不同力学响应的原因在于两者具有不同的材料常数。这种不同可以通过应变能函数的差异来表征。因此等效体建立的出发点应是在同样的形状和载荷下,其产生的总应变能与复合岩体相等。假设等效体中的应力分量用 $\sigma_x^e, \sigma_y^e, \sigma_z^e, \tau_{xy}^e, \tau_{yz}^e, \tau_{zx}^e$ 表示,并且是均匀的,各层岩石中的应力分量用 $\sigma_x^{(i)}, \sigma_y^{(i)}, \sigma_z^{(i)}, \tau_{xy}^{(i)}, \tau_{yz}^{(i)}, \tau_{zx}^{(i)}$ 表示(其中 i 代表第 i 层),如图 3-2 所示。

将整个复合岩体均匀化、连续化,则等效体的应力分量可表示为[2]:

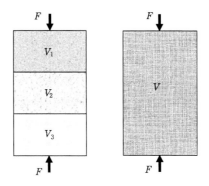

图 3-1　复合岩体与等效均质体

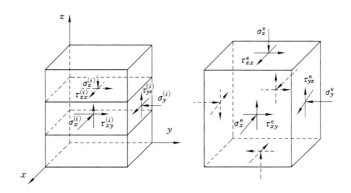

图 3-2　复合岩体及等效体的应力连续性

$$\sigma_x^e = \frac{1}{V}\sum_{i=1}^{n}\int_{V_i}\sigma_x^{(i)}\,\mathrm{d}V, \sigma_y^e = \frac{1}{V}\sum_{i=1}^{n}\int_{V_i}\sigma_y^{(i)}\,\mathrm{d}V, \sigma_z^e = \frac{1}{V}\sum_{i=1}^{n}\int_{V_i}\sigma_z^{(i)}\,\mathrm{d}V,$$
$$\tau_{xy}^e = \frac{1}{V}\sum_{i=1}^{n}\int_{V_i}\tau_{xy}^{(i)}\,\mathrm{d}V, \tau_{yz}^e = \frac{1}{V}\sum_{i=1}^{n}\int_{V_i}\tau_{yz}^{(i)}\,\mathrm{d}V, \tau_{zx}^e = \frac{1}{V}\sum_{i=1}^{n}\int_{V_i}\tau_{zx}^{(i)}\,\mathrm{d}V \tag{3-1}$$

即等效应力是应力在 V 上的体积均值。假定复合岩体各层面上应力连续，则体内应力应满足：

$$\sigma_z^e = \sigma_z^{(i)}, \tau_{yz}^e = \tau_{yz}^{(i)}, \tau_{zx}^e = \tau_{zx}^{(i)} \tag{3-2}$$

为保持交界层面的位移连续，其余应力分量并不满足上述关系。

3.2 煤-岩组合体的等效强度准则

3.2.1 煤-岩组合体的等效模型

煤体-顶底板矿山结构是采矿工程中常见的复合结构,其整体强度对巷道稳定性起着决定性作用。下面以煤体和岩石组成的组合模型为研究对象,运用等效理论分析煤-岩组合体的强度特征,建立其强度理论。考虑煤、岩界面作用,为方便分析,作如下假设:

(1) 假设煤体和岩石均为均质各向同性介质;

(2) 不考虑煤、岩两体交界面的厚度;

(3) 煤、岩两体和交界面均满足莫尔-库仑强度准则;

(4) 煤、岩单体及等效模型的应力满足连续性。

采用等效方法对煤-岩组合体进行均质化处理,假设一等效的均质岩石,其力学行为取决于煤、岩两体各部分的力学参数及几何尺寸。引入煤-岩组合体的等效均质岩石单元如图 3-3(a)所示,它是决定等效体强度的最小单元。假设煤、岩两体的破坏条件均满足莫尔-库仑屈服准则,因此可忽略中间主应力的影响,只考虑引起破坏的(x,y)平面内的应力分量,等效均质岩石单元的简化模型如图 3-3(b)所示。

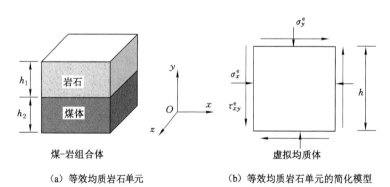

| (a) 等效均质岩石单元 | (b) 等效均质岩石单元的简化模型 |

图 3-3 煤-岩组合体的均质化等效模型

假设单元为单位厚度,即 $V_i = h_i \cdot 1, V = h \cdot 1$。由式(3-1)可知图 3-3 中等效均质岩石的"等效应力状态"为[3]:

$$\boldsymbol{\sigma}_e = \kappa_1 \boldsymbol{\sigma}_r + \kappa_2 \boldsymbol{\sigma}_m \tag{3-3}$$

式中,$\boldsymbol{\sigma}_e$、$\boldsymbol{\sigma}_r$、$\boldsymbol{\sigma}_m$ 分别为等效岩石和岩石、煤体的应力张量,下标 r、m 分别表示岩

石和煤体；κ_1 和 κ_2 为岩石、煤体的厚度比，则 $\kappa_i = h_i/h(i = 1,2)$。

由于只考虑 (x,y) 平面内的应力分量，由式(3-3)可得到等效均质岩石的各应力分量如下：

$$\begin{cases} \sigma_x^e = \kappa_1 \sigma_x^r + \kappa_2 \sigma_x^m \\ \sigma_y^e = \sigma_y^r = \sigma_y^m \\ \tau_{xy}^e = \tau_{xy}^r = \tau_{xy}^m \end{cases} \tag{3-4}$$

3.2.2　不考虑界面效应的煤-岩组合体强度准则

第 i 种岩石介质的莫尔-库仑屈服准则可表示为：

$$|\tau_i| = C_i + \sigma_i \tan \varphi_i \tag{3-5}$$

式中，C_i 和 φ_i 分别为第 i 种岩石的黏聚力和内摩擦角。

对于单体介质，利用图 3-4，式(3-5)可表示为：

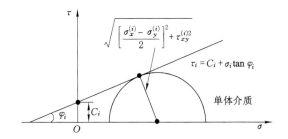

图 3-4　单体介质莫尔-库仑强度准则

$$\left[\frac{\sigma_x^{(i)} - \sigma_y^{(i)}}{2}\right]^2 + \tau_{xy}^{(i)2} = \left[\frac{\sigma_x^{(i)} + \sigma_y^{(i)}}{2} + \frac{C_i}{\psi_i}\right]^2 \sin^2 \varphi_i \tag{3-6}$$

式中，$\psi_i = \tan \varphi_i$。

设煤、岩单体处于极限平衡状态的应力状态集分别为 G_1、G_2，则这些应力分量均需满足式(3-6)，定义 $X_i \equiv \dfrac{\sigma_x^{(i)} - \sigma_y^{(i)}}{2}$，$Y_i \equiv \tau_{xy}^{(i)}$，则式(3-6)可表示为如下形式的破坏准则：

$$(1 + \psi_i^2)(X_i^2 + Y_i^2) - (\sigma_y \psi_i + \psi_i X_i + C_i)^2 = 0 \tag{3-7}$$

显然，式(3-7)在 (x,y) 平面上为一椭圆。即煤、岩单体在极限平衡状态下其应力状态点集在 (x,y) 平面内描绘出椭圆轨迹。类似地，等效均质体的极限状态应力点集为：

$$G_e = \{\sigma^e : \sigma^e = \lambda_1 \sigma^{(1)} + \lambda_2 \sigma^{(2)}; \sigma^{(i)} \in G_i, i = 1,2\} \tag{3-8}$$

G_1、G_2 可通过式(3-6)求得，再联立式(3-4)即可得到 G_e。实际上 G_e 为等效体的极限状态应力点集轨迹，即等效极限应力圆。若已知等效体的某应力分量 σ_y^e 和对应的与最大主应力的方位角 α，或者已知煤、岩单体的某些应力分量，则可由各单体的极限应力圆，再联立式（3-4），求得等效岩体应力圆。令 $x_i \equiv \dfrac{\sigma_x^{(i)} - \sigma_y^{(i)}}{2\sigma_y^{(i)}}$，$y_i \equiv \dfrac{\tau_{xy}^{(i)}}{\sigma_y^{(i)}}$，则式（3-6）可改写为：

$$x_i^2 + y_i^2 = (x_i + k_i)^2 \sin^2 \varphi_i \tag{3-9}$$

式中，$k_i = 1 + C_i / \psi_i \sigma_y^{(i)}$。

将式（3-9）展开得：

$$(1 - \sin^2 \varphi_i) x_i^2 - 2 x_i k_i \sin^2 \varphi_i + y_i^2 - k_i^2 \sin^2 \varphi_i = 0 \tag{3-10}$$

解式（3-10）得：

$$x_i = \frac{2 k_i \sin^2 \varphi_i \pm \sqrt{(2 k_i \sin^2 \varphi_i)^2 - 4(1 - \sin^2 \varphi_i)(y_i^2 - k_i^2 \sin^2 \varphi_i)}}{2(1 - \sin^2 \varphi_i)} \tag{3-11}$$

利用三角公式 $\cos \varphi_i = \dfrac{1}{\sqrt{1 + \tan^2 \varphi_i}}$，整理式（3-11）得：

$$x_i = k_i \psi_i^2 \pm \sqrt{(1 + \psi_i^2)(k_i^2 \psi_i^2 - y_i^2)} \tag{3-12}$$

式（3-12）即为特定的应力 σ_y^e 值下，第 i 种岩石处于极限平衡状态时的 x_i 值。

对于等效体的极限应力圆，类似地，定义 $X = \dfrac{\sigma_x^e - \sigma_y^e}{2}$，$Y = \tau_{xy}^e$，设等效体中与 σ_y^e 对应的最大主应力方位角为 α，则 $X = Y \cot 2\alpha$。则求 G_e 即为求煤、岩单体均满足式（3-4）和式（3-6）的 X 的极限值，而：

$$X = \frac{\sigma_x^e - \sigma_y^e}{2} = \frac{\kappa_1(\sigma_x^r - \sigma_y^r) + \kappa_2(\sigma_x^m - \sigma_y^m) - \sigma_y^e + (\kappa_1 \sigma_y^r + \kappa_2 \sigma_y^m)}{2\sigma_y^e}\sigma_y^e \tag{3-13}$$

由于 $\sigma_y^e = \sigma_y^r = \sigma_y^m$，$\kappa_1 + \kappa_2 = 1$，整理式（3-13）得：

$$X = (\kappa_1 x_1 + \kappa_2 x_2)\sigma_y^e \tag{3-14}$$

将式（3-12）代入得等效体的极限平衡应力点集 G_e 需满足下式：

$$X = \sum_{i=1}^{2} \kappa_i \psi_i \Theta_i \pm \sum_{i=1}^{2} \kappa_i \sqrt{(1 + \psi_i^2)(\Theta_i^2 - Y^2)} \tag{3-15}$$

式中，$\Theta_i = \sigma_y \psi_i + C_i$，由于 $\sigma_y^e = \sigma_y^r = \sigma_y^m$，将该应力统一表示为 σ_y。设：

$$A_1 = \sum_{i=1}^{2} \kappa_i \psi_i \Theta_i - \sum_{i=1}^{2} \kappa_i \sqrt{(1 + \psi_i^2)(\Theta_i^2 - Y^2)}$$

$$A_2 = \sum_{i=1}^{2} \kappa_i \psi_i \Theta_i + \sum_{i=1}^{2} \kappa_i \sqrt{(1 + \psi_i^2)(\Theta_i^2 - Y^2)}$$

则当 $A_1 < X < A_2$ 时，式（3-6）满足：

$$\left[\frac{\sigma_x^{(i)} - \sigma_y^{(i)}}{2}\right]^2 + \tau_{xy}^{(i)2} < \left[\frac{\sigma_x^{(i)} + \sigma_y^{(i)}}{2} + \frac{C_i}{\psi_i}\right]^2 \sin^2\varphi_i$$

此时煤、岩体均不破坏,显然,式(3-13)中两平方根项不能取负值,即应满足:

$$\Theta_i^2 - Y^2 \geqslant 0 \tag{3-16}$$

假设岩石强度小于煤体强度,即 $C_r < C_m, \psi_r < \psi_m$,则式(3-16)改写为:

$$|X\tan^2\alpha| \leqslant \Theta_r \tag{3-17}$$

当等效体达到极限状态时,式(3-17)取等号并联立式(3-15)可得到方位角 $\alpha_{\max}, \alpha_{\min}$:

$$\alpha_{\min,\max} = \frac{1}{2}\mathrm{arccot}\left\{\frac{1}{\Theta_r}\sum_{i=1}^{2}\kappa_i\psi_i\Theta_i \pm \kappa_2\sqrt{(1+\psi_m^2)\left[\left(\frac{\Theta_m}{\Theta_r}\right)^2 - 1\right]}\right\} \tag{3-18}$$

反之,若煤体强度小于岩体强度,则方位角 $\alpha'_{\max}, \alpha'_{\min}$ 可由下式确定:

$$\alpha'_{\min,\max} = \frac{1}{2}\mathrm{arccot}\left\{\frac{1}{\Theta_m}\sum_{i=1}^{2}\kappa_i\psi_i\Theta_i \pm \kappa_1\sqrt{(1+\psi_r^2)\left[\left(\frac{\Theta_r}{\Theta_m}\right)^2 - 1\right]}\right\} \tag{3-19}$$

可见,$\alpha_{\max}, \alpha_{\min}$ 取决于应力状态 σ_y 以及煤、岩单体的强度和尺寸参数。对于某一应力状态 σ_y 对应的 $\alpha_{\max}, \alpha_{\min}$,若 $\alpha_{\min} < \alpha < \alpha_{\max}$,则式(3-18)右端必然取等号(强度弱者破坏),由于此时满足不等式:

$$|X\tan^2\alpha| < \Theta_m \tag{3-20}$$

即此时煤体不会发生破坏,只有岩石发生破坏。由此可知:煤-岩复合体的整体破坏是在煤、岩体中均破坏还是仅发生在强度最弱层中,完全取决于其所处的应力状态,当 $\alpha_{\min} < \alpha < \alpha_{\max}$ 时,X 的极限值可由式(3-15)决定:

$$\max|X| = \Theta_r|\cot^2\alpha| \tag{3-21}$$

图 3-5 为煤、岩单体强度相等($C_r = C_m = 1$ MPa,$\varphi_r = \varphi_m = 40°$,$\kappa_1 = \kappa_2 = 0.5$)时,各单体及等效体在$(x, y)$平面上的破坏轨迹,图中应力标值表示 σ_y 取值。此时三者轨迹曲线完全重合,煤-岩组合体表现为各向同性体,并式(3-18)得 $\cot\alpha_{\min,\max} = \psi_r = \psi_m$,即破坏面方位角与最大主应力所在面夹角 $\alpha_0 = 45° - \varphi/2$,组合体呈现斜面剪切破坏。

图 3-6 为 $C_r = 4$ MPa,$C_m = 1$ MPa,$\varphi_r = 40°$,$\varphi_m = 30°$,$\sigma_y = 2$ MPa,岩石厚度比 κ_1 从 0 变化到 1 时,煤-岩组合等效体破坏轨迹随岩石厚度比的变化关系。图中水平线部分为破坏仅发生在煤层中时的极限点轨迹,即 $X = Y\cot 2\alpha$。利用图中水平段的起点和终点可求得特定应力状态下对应的 $\alpha_{\min}$ 及 $\alpha_{\max}$,如图中标注的当 $\kappa_1 = 0.6$ 时的两个角度。由极限点轨迹分布可知,在煤-岩组合体总厚度不变时,随着岩石厚度的增加,组合体中弱层(即煤层)破坏的角度范围 $\alpha \in [\alpha_{\min}, \alpha_{\max}]$ 逐渐增大,当 $\kappa_1 = 0$ 时组合模型即为煤质单体,$\alpha = 30°$,当 $\kappa_1 = 1.0$ 时,复合模型转化为岩石单体,$\alpha = 25°$。

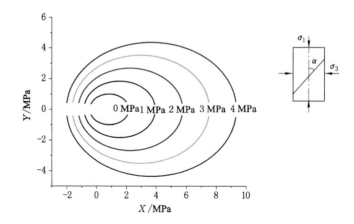

图 3-5　煤、岩单体等强度时各单体及等效体的破坏轨迹

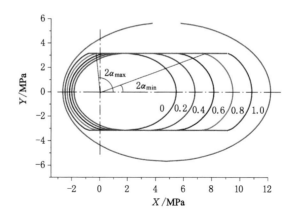

图 3-6　煤-岩组合等效体破坏轨迹随岩石厚度比的变化关系

当 $C_r = 4$ MPa，$C_m = 1$ MPa，$\varphi_r = 40°$，$\varphi_m = 30°$，$\kappa_1 = \kappa_2 = 0.5$ 时，煤、岩单体及等效体的极限应力轨迹曲线如图 3-7 所示。图中应力分量 σ_y 分别取 1 MPa、3 MPa、5 MPa。G_r，G_m，G_e 分别表示岩石、煤体和等效体的极限应力点轨迹，箭头方向为极限应力状态点集随 σ_y 增大时的变化趋势。显然，随着 σ_y 逐渐增大，各介质体的极限应力轨迹均向外扩张，而弱层（煤层）破坏的主应力方位角变化范围在逐渐减小。

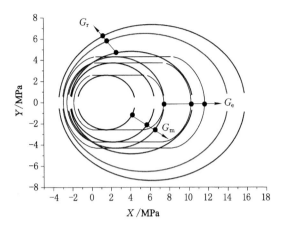

图 3-7　不同应力状态下煤、岩单体及等效体的极限应力轨迹曲线

3.2.3　考虑界面效应的煤-岩组合体强度准则

上文在建立煤-岩组合体的整体强度准则时并没有考虑煤、岩交界面对整体强度的影响,即没有考虑组合模型沿界面破坏的情况。假设煤体和岩石交界面具有黏结强度,两体交界面黏聚力和内摩擦角为 C_c 和 φ_c。如图 3-8 所示,忽略交界面的厚度,假设煤体和岩石为直接接触。

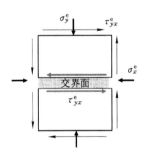

图 3-8　考虑煤、岩交界面的等效体模型

定义

$$\Theta_c = \sigma_y^e \psi_c + C_c = \psi_c (\sigma_y^e + \xi_c) \tag{3-22}$$

式中,$\psi_c = \tan \varphi_c$,$\xi_c = C_c / \psi_c$。

设煤、岩单体中煤体强度较弱,类似地定义

$$\Theta_m = \psi_m (\sigma_y^e + \xi_m) \tag{3-23}$$

考虑式(3-15),对交界面强度的影响讨论如下:

(1) 若 $\psi_c > \psi_m, \xi_c > \xi_m$,此时 $\Theta_c > \Theta_m$,由于交界面黏结强度大于煤体强度,破坏发生在煤层或两层介质中,有关破坏特点如 3.2.2 节中所述。

(2) 若 $\psi_c < \psi_m, \xi_c < \xi_m$,此时 $\Theta_c < \Theta_m$,组合模型破坏将沿煤-岩交界面发生,其破坏轨迹曲线仍然满足式(3-15),设其极限状态应力点集为 G_c。此时 $Y = \Theta_c$。将该式代入式(3-18)可得到特定应力状态下对应的 β_{min} 及 β_{max} 如下:

$$\beta_{min,max} = \frac{1}{2}\operatorname{arccot}\left\{\frac{1}{\Theta_c}\sum_{i=1}^{2}\kappa_i\psi_i\Theta_i \pm \sum_{i=1}^{2}\kappa_i\sqrt{(1+\psi_i^2)\left[\left(\frac{\Theta_i}{\Theta_c}\right)^2 - 1\right]}\right\}$$

(3-24)

即当主应力方位角 $\beta \in [\beta_{min}, \beta_{max}]$ 时,组合体将沿煤、岩交界面发生破坏。

(3) 若 $\psi_c < \psi_m, \xi_c > \xi_m$,此时 Θ_c 和 Θ_m 的关系与应力状态 σ_y 有关。不同应力状态下的破坏特征由 Θ_c 和 Θ_m 大小关系决定。

以下令煤、岩单体取特定强度参数和尺寸参数,通过变化交界面强度参数对上述结论进行说明。煤、岩单体物理参数及几何参数取值如表 3-1 所列。

表 3-1　煤、岩单体物理参数及几何参数取值

介质	黏聚力 C/MPa	内摩擦角 φ/(°)	厚度比 κ
岩石	4	40	0.5
煤体	2	30	0.5

当 $C_c = 3$ MPa,$\varphi_c = 35°$时,满足条件(1),此时得到的煤、岩单体及等效体的极限平衡点集如图 3-9(a)所示,图中虚线表示煤-岩交界面破坏轨迹曲线的最高点,显然,$Y < \Theta_c$,因此组合体不会沿交界面破坏,此时破坏产生在强度最弱的煤层中。当 $C_c = 1.5$ MPa,$\varphi_c = 25°$时,满足条件(2),此时交界面黏结强度小于煤体强度,因此组合体将沿交界面发生破坏[图 3-9(b)],由水平段可求得最大主应力与破坏面方位角的极值范围。当 $C_c = 3.5$ MPa,$\varphi_c = 25°$时,满足条件(3),此时组合体破坏是发生在交界面还是在煤层中,取决于应力状态 σ_y。如图 3-9(c)所示,当 $\sigma_y = 1$ MPa 时,$\xi_c > \xi_m$,破坏发生在煤体中;当 $\sigma_y = 4$ MPa 时,$\xi_c < \xi_m$,破坏产生在煤、岩体的交界面。

3.2.4　煤-岩组合体复合强度准则理论与试验验证

假设等效体的等效应力圆如图 3-10 所示。其中 σ_{max} 和 σ_{min} 分别表示最大、最小主应力。由图 3-10 易知:

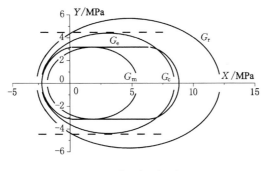

(a) $\psi_c > \psi_m$, $\xi_c > \xi_m$

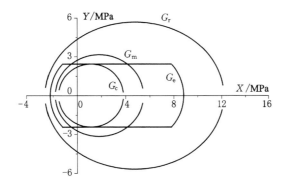

(b) $\psi_c < \psi_m$, $\xi_c < \xi_m$

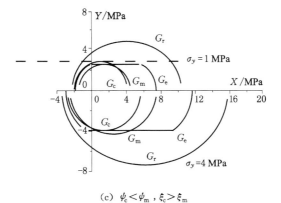

(c) $\psi_c < \psi_m$, $\xi_c > \xi_m$

图 3-9　煤、岩交界面黏结强度参数不同时煤、岩单体，交界面及等效体的极限破坏轨迹

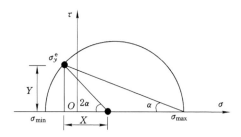

图 3-10   等效体的等效应力圆

$$\begin{cases} \sigma_y^e = (\sigma_{max} - \sigma_{min})\sin^2 2\alpha + \sigma_{min} \\ X = \dfrac{\sigma_{max} - \sigma_{min}}{2}\cos 2\alpha \\ Y = \dfrac{\sigma_{max} - \sigma_{min}}{2}\sin 2\alpha \end{cases} \tag{3-25}$$

将上述关系代入式(3-15)可得到主应力与方向角 α 的对应关系。定义 $\eta = \sigma_{max}/\sigma_{min}$，利用式(3-25)，式(3-15)可改写为：

$$f_1(\eta,\alpha) = a_1 f_2(\eta,\alpha) + \frac{a_2}{\sigma_{min}} + \sum_{i=1}^2 \kappa_i \sqrt{b_i\left\{\left[f_2^2(\eta,\alpha) + \frac{2\xi_i}{\sigma_{min}}f_2(\eta,\alpha) + \frac{\xi_i^2}{\sigma_{min}^2}\right]\psi_i^2 - f_3^2(\eta,\alpha)\right\}} \tag{3-26}$$

式中，$f_1(\eta,\alpha) = \dfrac{\eta-1}{2}\cos 2\alpha$，$f_2(\eta,\alpha) = (\eta-1)\sin^2 2\alpha$，$f_3(\eta,\alpha) = \dfrac{\eta-1}{2}\sin 2\alpha$，

$a_1 = \displaystyle\sum_{i=1}^2 \kappa_i \psi_i^2$，$a_2 = \displaystyle\sum_{i=1}^2 \kappa_i \psi_i C_i$，$b_i = 1 + \psi_i^2$，$\xi_i = \dfrac{C_i}{\psi_i}$。

显然，主应力与破坏方向角的对应函数关系为一隐函数，在特定煤、岩单体强度参数和尺寸参数下，可得到不同围压下主应力与破坏面方向角的对应关系。

图 3-11 为利用式(3-26)，结合约翰图示法得到的煤-岩组合体强度曲线的极坐标表示(图中未考虑煤-岩交界面的影响)。基本参数为：$C_r = 4$ MPa，$C_m = 2$ MPa，$\varphi_r = 40°$，$\varphi_m = 30°$，$\kappa_1 = \kappa_2 = 0.5$，围压 σ_3 分别取 1 MPa、2 MPa、3 MPa、4 MPa。可见，在特定岩石强度下，取不同围压得到的所有曲线均存在相同的极小值点，此方位角 $\alpha_0 = 45° - \varphi_m/2$，即在该方向煤-岩组合体的强度只取决于煤体的强度。当围压增大到 4 MPa 时，η-α 曲线趋近于圆弧，煤-岩组合体趋向于各向同性岩体。围压的增加，不仅提高了煤-岩组合体的强度，而且降低了煤-岩组合体的各向异性程度，当围压增加到一定值后，煤-岩组合体趋向于各向同性岩石，其强度特性趋向于等效内摩擦角 φ_0 和等效黏聚力 C_0。这一结论与霍克(Hoek)和布朗(Brown)的研究结果是一致的。实际上利用式(3-26)既可以确定

煤-岩组合体的强度特征,还可以通过煤-岩组合体三轴压缩试验绘制如图 3-11
所示的结果图,由最小值点求出煤体的内摩擦角。

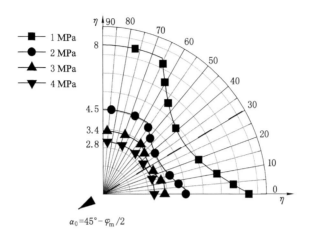

图 3-11　煤-岩组合体强度曲线的极坐标表示

　　为进一步验证两体交界面对模型强度的影响,假设煤-岩交界面强度小于煤、
岩单体的强度,煤、岩单体具有相同的强度参数,此时模型转化为具有单结构面的
岩体。耶格(Jaeger)于 1980 年提出"二维软弱面滑动破坏理论"[4],求解了岩体沿
结构面破坏时的角度范围。本书模型与 Jaeger 模型的计算结果比较如图 3-12 所
示,两者具有较好的一致性。实际上本书模型不仅包含了 Jaeger 模型的"单结构面
岩体"强度特征,而且考虑了"结构面+不同岩性岩石"组合岩体模型的强度特性。

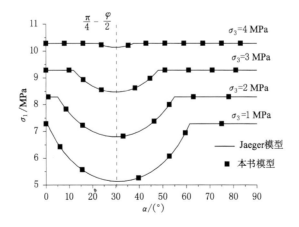

图 3-12　本书模型与 Jaeger 模型的计算结果比较

基于煤、岩单体的室内试验测得两体的强度参数,然后利用本书提出的理论模型求解其宏观强度,再通过煤-岩组合体试验结果进行对比。在组合模型试样制作时使其交界面具有高黏结强度,并且界面倾角为 0°。图 3-13 为岩、煤单体及组合体试样。

(a) 泥岩　　　　　(b) 煤体　　　　　(b) 组合体

图 3-13　煤、岩单体及组合体试样

图 3-14 为煤、岩单体及组合体在不同围压下的理论结果与试验结果比较。由于煤、岩两体交界面黏结强度较高而且倾角 $\alpha=0°$,因此煤-岩组合体呈整体压剪破坏,组合体的强度将介于强度较弱的泥岩强度和强度较大的煤体强度之间。通过理论结果与试验结果对比发现,当围压较低时,两者吻合较好,但在高围压下,由于组合体在应变软化阶段之后破坏,但是弱体有可能在此之前已经破坏,所以理论值略高于试验值。

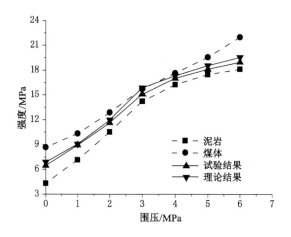

图 3-14　煤、岩单体及组合体在不同围压下的理论结果与试验结果比较

3.2.5　煤-岩组合体的等效抗拉强度

就岩石的破坏实质来讲,不论外载荷作用方式如何,岩体的破坏主要由拉应力和剪应力引起,因此其典型破坏形式表现为拉断破坏和压剪破坏。以上讨论了煤-岩组合体的整体剪切破坏强度准则,类似地,可建立其拉伸破坏强度准则。设煤、岩两体的抗拉强度分别为 σ_t^m 和 σ_t^r,当两体中的最大主应力分别达到抗拉强度时,两体发生拉伸破坏,因此两体产生拉伸破坏的应力点集应满足下式:

$$\left(\frac{\sigma_x^{(i)}+\sigma_y^{(i)}}{2}\right)^2+\left[\left(\frac{\sigma_x^{(i)}-\sigma_y^{(i)}}{2}\right)^2+\tau_{xy}^{(i)2}\right]^2=-\sigma_t^{(i)} \tag{3-27}$$

由式(3-27)可解得:

$$\sigma_x^{(i)}=\frac{\tau_{xy}^{(i)2}}{\sigma_t^{(i)}+\sigma_y^{(i)}}-\sigma_t^{(i)} \tag{3-28}$$

将式(3-28)代入式(3-4)得到煤-岩组合体的拉伸极限破坏应力应满足下式:

$$\sigma_x^e=\kappa_1\frac{\tau_{xy}^2}{\sigma_t^r+\sigma_y}+\kappa_2\frac{\tau_{xy}^2}{\sigma_t^m+\sigma_y}-\kappa_1\sigma_t^r-\kappa_2\sigma_t^m \tag{3-29}$$

3.3　煤-岩组合体强度界面效应的微元分析

地下工程结构所赋存的地质体是由各种不同岩性的岩石及结构面组成的。由于各组分岩石的变形参数差异和交界面的接触状态不同,将导致岩体性质显示出不连续性和不均匀性。矿山结构是由顶板、煤体、底板组成的复合体,由各部分之间相互作用造成的矿山动力灾害由顶板-煤体-底板组合体的整体力学行为所决定。因此,研究煤-岩体各部分之间的相互作用及整体破坏演化具有较高的工程应用价值。本节将从微观单元体入手分析煤、岩面效应和煤、岩单体变形参数差异对组合体宏观强度的影响。

3.3.1　考虑煤-岩界面效应的微元分析模型

地下建筑物、矿山巷道、采煤工作面、铁路公路隧道等岩爆、岩石垮塌、煤爆及煤与瓦斯突出等灾害,与工程结构所赋存的各层岩体的整体强度特性有密切关系。而不同岩性岩体之间的接触黏结状态对其强度具有显著影响,这种影响在变形参数相差较大的岩层交界面更为显著。已有试验研究结果表明,煤-岩组合体整体强度要优于煤、岩单体中较弱介质的承载能力,组合体所表现出来的力学行为与单体有较大差异。组合体中各介质的力学性质、组合方式对整体的力学行为影响很大。

图 3-15 为典型弱胶结软岩-煤互层的地质赋存状态,忽略了煤-岩交界面接触层的厚度。为分析弱胶结软岩-煤界面效应对两者强度的影响,在其交界面附近包含软岩和煤体取一微元体 A。显然 A 为变参数单元体,不失一般性,假设煤层和岩层倾斜接触,则 A 单元体放大后为图 3-16 所示原微元体。

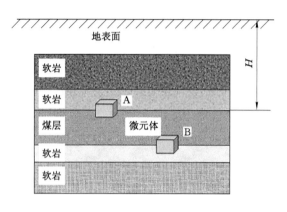

图 3-15　典型弱胶结软岩-煤互层的地质赋存状态

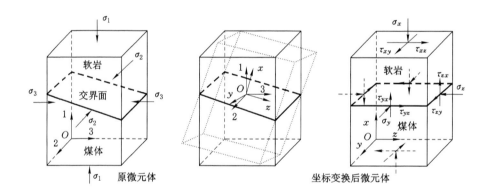

图 3-16　微元体分析模型

由于软岩和煤岩的岩性差异很大,导致在交界面会派生出相互约束应力,对于倾斜交界面,既有相互约束的正应力,也有沿交界面的约束切应力。为方便分析,将微元体各面应力进行坐标变换,使交界面位于水平位置,如图 3-16 所示坐标变换后微元体。根据应力转轴公式 $\sigma'_{ij} = \sigma_{ij} n_{ii} n_{jj}$,展开后得到坐标变换后应力分量与变换前应力分量的关系为:

$$\begin{bmatrix} \sigma_x \\ \sigma_y \\ \sigma_z \end{bmatrix} = \begin{bmatrix} l_1^2 & m_1^2 & n_1^2 \\ l_2^2 & m_2^2 & n_2^2 \\ l_3^2 & m_3^2 & n_3^2 \end{bmatrix} \begin{bmatrix} \sigma_1 \\ \sigma_2 \\ \sigma_3 \end{bmatrix}, \begin{bmatrix} \tau_{xy} \\ \tau_{yz} \\ \tau_{zx} \end{bmatrix} = \begin{bmatrix} l_1 l_2 & m_1 m_2 & n_1 n_2 \\ l_2 l_3 & m_2 m_3 & n_2 n_3 \\ l_3 l_1 & m_3 m_1 & n_3 n_1 \end{bmatrix} \begin{bmatrix} \sigma_1 \\ \sigma_2 \\ \sigma_3 \end{bmatrix} \quad (3\text{-}30)$$

式中，l_i, m_i, n_i 表示新坐标轴 x, y, z 与原坐标轴 $1, 2, 3$ 的夹角余弦，其对应关系为：

$$\begin{array}{cccc} & 1 & 2 & 3 \\ x & l_1 & m_1 & n_1 \\ y & l_2 & m_2 & n_2 \\ z & l_3 & m_3 & n_3 \end{array}$$

3.3.2　煤-岩交界面区域的派生应力

假设煤、岩交界面具有黏结强度，黏聚力为 C_a，内摩擦角为 φ_a。由 3.2 节分析可知，当交界面强度小于煤、岩单体的强度时，若主应力方位角满足 $\beta \in [\beta_{\min}, \beta_{\max}]$，则煤-岩组合体将沿交界面发生破坏。为方便分析，此处假设煤、岩体交界面无摩擦滑动。由于交界面的约束作用限制煤、岩两体的变形，从而在两体交界面区域附近诱发派生应力，导致两体在该区域附近的应力状态发生变化，从而对两体强度产生影响。假设软岩和煤体的弹性模量分别为 E_r, E_m，泊松比分别为 ν_r, ν_m。由于弹性常数的差异，煤、岩两体在图示（图 3-16）相同受力情况下必然产生不同的变形，为保持两体黏结为一个整体，最终产生相同的变形，必然会在交界面区域派生出拉压应力和切应力，对该区域两体的变形产生约束作用。即在交界面两侧会出现应力不连续性，但位移保持连续性。

为分析派生应力，利用叠加原理将图 3-16 中坐标变换后微元体的应力状态分为正应力和切应力作用两部分，如图 3-17 所示。

3.3.3　正应力作用下微元体交界面的派生应力

为方便分析，设 $E_r > E_m, \nu_r < \nu_m$，并令 $\alpha = E_r/E_m, \beta = \nu_r/\nu_m$，规定压应力为正。正应力作用下不会在 xOy, yOz, zOx 三个面内派生出切应力，只会在交界面产生正应力。在煤-岩交界面区域附近取微元体如图 3-18 所示，则其各面上的正应力应为原作用正应力与层间约束派生出的正应力叠加，根据叠加原理有[5]：

$$\begin{aligned} &\sigma_x^r = \sigma_x, \sigma_x^m = \sigma_x, \\ &\sigma_y^r = \sigma_y + \sigma_{yp}^r, \sigma_y^m = \sigma_y + \sigma_{yp}^m, \\ &\sigma_z^r = \sigma_z + \sigma_{zp}^r, \sigma_z^m = \sigma_z + \sigma_{zp}^m \end{aligned} \quad (3\text{-}31)$$

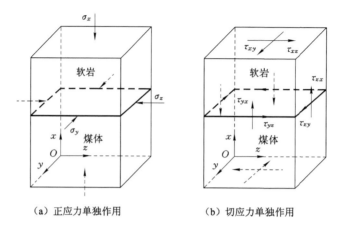

（a）正应力单独作用　　　　（b）切应力单独作用

图 3-17　微元体应力状态分解图

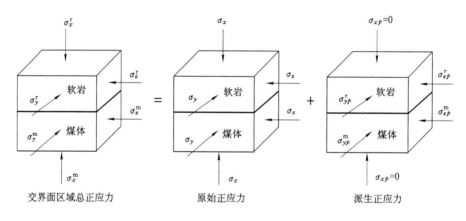

交界面区域总正应力　　　　原始正应力　　　　派生正应力

图 3-18　微元体正应力组成

式中,上标 r,m 表示软岩和煤体,下标 p 为由于层间约束产生的派生应力。

当 $\sigma_x,\sigma_y,\sigma_z$ 单独作用时,煤-岩交界面附近区域横向（yOz）面内的应变协调关系如图 3-19 所示。

如图 3-19（a）所示,当 σ_x 单独作用时,软岩和煤体横向将向外扩展,煤体在 y 方向和 z 方向分别产生拉应变 $\varepsilon_y^m(x)$ 和 $\varepsilon_z^m(x)$,同样的软岩在 y 方向和 z 方向也将产生拉应变 $\varepsilon_y^r(x)$ 和 $\varepsilon_z^r(x)$,其中括号内 x 表示正应力作用方向。但由于 $E_r>E_m,\nu_r<\nu_m$,因此两体中横向应变关系为 $\varepsilon_y^r(x)<\varepsilon_y^m(x),\varepsilon_z^r(x)<\varepsilon_z^m(x)$,由于交界面黏结作用,无相互滑动,两体在交界面附近区域为保持横向应变协调,最终在 y 方向和 z 方向产生的横向应变应为 $\varepsilon_y(x)$ 和 $\varepsilon_z(x)$。为此,在 σ_x 作

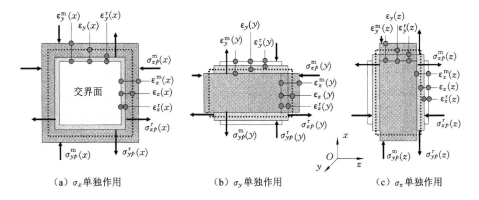

（a）σ_x 单独作用　　　　（b）σ_y 单独作用　　　　（c）σ_z 单独作用

图 3-19　微元体上正应力单独作用时交界面附近区域横向线应变关系

用下,交界面区域附近煤体中在 y 方向和 z 方向将分别派生出压应力 $\sigma_{yp}^{m}(x)$ 和 $\sigma_{zp}^{m}(x)$,而在软岩中将派生出拉应力 $\sigma_{yp}^{r}(x)$ 和 $\sigma_{zp}^{r}(x)$,根据静力学关系应有 $\sigma_{yp}^{m}(x)=\sigma_{yp}^{r}(x)$,$\sigma_{zp}^{m}(x)=\sigma_{zp}^{r}(x)$,为方便分析,统一记为 $\sigma_{yp}(x)$ 和 $\sigma_{zp}(x)$。

如图 3-19(b)所示,当 σ_y 单独作用时,煤、岩两体在 y 方向产生压缩应变,分别为 $\varepsilon_{y}^{m}(y)$ 和 $\varepsilon_{y}^{r}(y)$,而在 z 方向产生拉应变,分别为 $\varepsilon_{z}^{m}(y)$ 和 $\varepsilon_{z}^{r}(y)$,并且 $\varepsilon_{y}^{m}(y)>\varepsilon_{y}^{r}(y)$,$\varepsilon_{z}^{m}(y)>\varepsilon_{z}^{r}(y)$,为保持变形协调,最终在 y 方向和 z 方向产生的横向应变应为 $\varepsilon_{y}(y)$ 和 $\varepsilon_{z}(y)$,由图中应变关系可知在 σ_y 单独作用下,交界面区域附近煤体中在 y 方向和 z 方向将分别派生出拉应力 $\sigma_{yp}^{m}(y)$ 和压应力 $\sigma_{zp}^{m}(y)$,而在软岩中将派生出压应力 $\sigma_{yp}^{r}(y)$ 和拉应力 $\sigma_{zp}^{r}(y)$,并且 $\sigma_{yp}^{m}(y)=\sigma_{yp}^{r}(y)$,$\sigma_{zp}^{m}(y)=\sigma_{zp}^{r}(y)$,记为 $\sigma_{yp}(y)$ 和 $\sigma_{zp}(y)$。

如图 3-19(c)所示,当 σ_z 单独作用时,煤、岩两体在 z 方向分别产生压应变 $\varepsilon_{z}^{m}(z)$ 和 $\varepsilon_{z}^{r}(z)$,而在 y 方向分别产生压应变 $\varepsilon_{y}^{m}(z)$ 和 $\varepsilon_{y}^{r}(z)$,并且 $\varepsilon_{z}^{m}(z)>\varepsilon_{z}^{r}(z)$,$\varepsilon_{y}^{m}(z)>\varepsilon_{y}^{r}(z)$,由于黏结约束作用,在 y 方向和 z 方向协调横向应变应为 $\varepsilon_{y}(z)$ 和 $\varepsilon_{z}(z)$,从而在煤体中派生出压应力 $\sigma_{yp}^{m}(z)$ 和拉应力 $\sigma_{zp}^{m}(z)$,而在岩体中派生出拉应力 $\sigma_{yp}^{r}(z)$ 和压应力 $\sigma_{zp}^{r}(z)$,并且 $\sigma_{yp}^{m}(z)=\sigma_{yp}^{r}(z)$,$\sigma_{zp}^{m}(z)=\sigma_{zp}^{r}(z)$,记为 $\sigma_{yp}(z)$ 和 $\sigma_{zp}(z)$。

由以上分析可知,当某一正应力单独作用时,将分别在煤、岩体中派生出其他方向的正应力,从而改变该区域附近两体的应力状态,影响煤-岩组合体的整体强度。由图 3-19 可知,当每个正应力单独作用时存在如下变形几何关系:

$$\begin{cases} \varepsilon_y^r(x) = \varepsilon_y^m(x) = \varepsilon_y(x) \\ \varepsilon_z^r(x) = \varepsilon_z^m(x) = \varepsilon_z(x) \\ \varepsilon_y^r(y) = \varepsilon_y^m(y) = \varepsilon_y(y) \\ \varepsilon_z^r(y) = \varepsilon_z^m(y) = \varepsilon_z(y) \\ \varepsilon_y^r(z) = \varepsilon_y^m(z) = \varepsilon_y(z) \\ \varepsilon_z^r(z) = \varepsilon_z^m(z) = \varepsilon_z(z) \end{cases} \tag{3-32}$$

利用广义胡克定律将上式展开后得：

$$\begin{cases} -\nu_m(\alpha+\beta)\sigma_{yp}(x) + (\alpha+1)\sigma_{zp}(x) = \nu_m(\alpha-\beta)\sigma_x \\ -(\alpha+1)\sigma_{yp}(x) + \nu_m(\alpha+\beta)\sigma_{zp}(x) = \nu_m(\beta-\alpha)\sigma_x \\ \nu_m(\alpha+\beta)\sigma_{yp}(y) + (\alpha+1)\sigma_{zp}(y) = \nu_m(\alpha-\beta)\sigma_y \\ (\alpha+1)\sigma_{yp}(y) + \nu_m(\alpha+\beta)\sigma_{zp}(y) = (\alpha-1)\sigma_y \\ \nu_m(\alpha+\beta)\sigma_{yp}(z) + (\alpha+1)\sigma_{zp}(z) = (\alpha-1)\sigma_z \\ (\alpha+1)\sigma_{yp}(z) + \nu_m(\alpha+\beta)\sigma_{zp}(z) = \nu_m(\alpha-\beta)\sigma_z \end{cases} \tag{3-33}$$

解上述方程得派生正应力为：

$$\begin{cases} \sigma_{yp}(x) = \dfrac{\nu_m(\alpha-\beta)}{(\alpha+1)-\nu_m(\alpha+\beta)}\sigma_x = a_{yx}\sigma_x \\[2mm] \sigma_{zp}(x) = \dfrac{\nu_m(\alpha-\beta)}{(\alpha+1)-\nu_m(\alpha+\beta)}\sigma_x = a_{zx}\sigma_x \\[2mm] \sigma_{yp}(y) = \dfrac{\alpha^2-1-\nu_m^2(\alpha^2-\beta^2)}{(\alpha+1)^2-\nu_m^2(\alpha+\beta)^2}\sigma_y = a_{yy}\sigma_y \\[2mm] \sigma_{zp}(y) = \dfrac{2\nu_m\alpha(1-\beta)}{(\alpha+1)^2-\nu_m^2(\alpha+\beta)^2}\sigma_y = a_{zy}\sigma_y \\[2mm] \sigma_{yp}(z) = \dfrac{2\nu_m\alpha(1-\beta)}{(\alpha+1)^2-\nu_m^2(\alpha+\beta)^2}\sigma_z = a_{yz}\sigma_z \\[2mm] \sigma_{zp}(z) = \dfrac{\alpha^2-1-\nu_m^2(\alpha^2-\beta^2)}{(\alpha+1)^2-\nu_m^2(\alpha+\beta)^2}\sigma_z = a_{zz}\sigma_z \end{cases} \tag{3-34}$$

由式(3-34)可得 $a_{yx}=a_{zx}$，$a_{yy}=a_{zz}$，$a_{zy}=a_{yz}$，将式(3-34)代入式(3-31)得煤-岩交界面附近区域煤、岩体中微元体的正应力为：

$$\begin{cases} \sigma_x^r = \sigma_x^m = \sigma_x \\ \sigma_y^r = -a_{yx}\sigma_x + (1+a_{yy})\sigma_y - a_{yz}\sigma_z \\ \sigma_z^r = -a_{zx}\sigma_x - a_{zy}\sigma_y + (1+a_{zz})\sigma_z \\ \sigma_y^m = a_{yx}\sigma_x + (1-a_{yy})\sigma_y + a_{yz}\sigma_z \\ \sigma_z^m = a_{zx}\sigma_x + a_{zy}\sigma_y + (1-a_{zz})\sigma_z \end{cases} \tag{3-35}$$

3.3.4 切应力作用下微元体交界面的派生应力

由于未考虑煤体和岩体的各向异性,在图 3-17(b)切应力单独作用下,不会在各个作用面内派生出正应力,只会派生出切应力,而且只有与交界面横向变形有关的切应力才会派生出其他切应力。因此,图 3-17(b)中只有切应力 τ_{yz} 和 τ_{zy} 派生出切应力。图 3-20 为切应力作用下交界面区域微元体横向(yOz)的切应变协调关系。

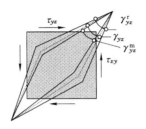

图 3-20 切应力作用下交界面附近区域微元体横向(yOz)的切应变协调关系

由于 $E_r > E_m$,$\nu_r < \nu_m$,因此剪切模量 $G_r > G_m$,在横向 yOz 面内,煤、岩体内产生的横向剪切应变满足 $\gamma_{yz}^m > \gamma_{yz}^r$,但由于横向黏结约束作用,两体最终横向切应变应为 γ_{yz},为此在原切应力 τ_{yz} 和 τ_{zy} 作用下,两体中将产生派生切应力 τ_{yzp}^r 和 τ_{yzp}^m,如图 3-21 所示。

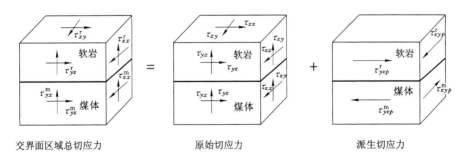

交界面区域总切应力　　　　　原始切应力　　　　　派生切应力

图 3-21 交界面附近区域微元体切应力组成

根据叠加原理,煤、岩体在交界面区域各面上的切应力应为原始切应力和派生切应力叠加,即:

弱胶结软岩巷道围岩灾变机理及锚固效应研究

$$\begin{cases} \tau_{xy}^{\mathrm{r}} = \tau_{xy}^{\mathrm{m}} = \tau_{xy} \\ \tau_{zx}^{\mathrm{r}} = \tau_{zx}^{\mathrm{m}} = \tau_{zx} \\ \tau_{yz}^{\mathrm{r}} = \tau_{yz} + \tau_{yzp}^{\mathrm{r}} \\ \tau_{yz}^{\mathrm{m}} = \tau_{yz} - \tau_{yzp}^{\mathrm{m}} \end{cases} \quad (3\text{-}36)$$

根据横向切应变协调关系 $\gamma_{yz}^{\mathrm{m}} = \gamma_{yz}^{\mathrm{r}} = \gamma_{yz}$ 和静力关系 $\tau_{yzp}^{\mathrm{r}} = \tau_{yzp}^{\mathrm{m}}$，将式(3-36)代入得：

$$\tau_{yzp}^{\mathrm{r}} = \tau_{yzp}^{\mathrm{m}} = \frac{(\alpha - 1) + \nu_{\mathrm{m}}(\alpha - \beta)}{(\alpha + 1) + \nu_{\mathrm{m}}(\alpha + \beta)} \quad (3\text{-}37)$$

将式(3-37)代入式(3-36)得煤-岩交界面附近区域的切应力为：

$$\begin{cases} \tau_{xy}^{\mathrm{r}} = \tau_{xy}^{\mathrm{m}} = \tau_{xy},\ \tau_{zx}^{\mathrm{r}} = \tau_{zx}^{\mathrm{m}} = \tau_{zx} \\ \tau_{yz}^{\mathrm{r}} = \dfrac{2\alpha(1 + \nu_{\mathrm{m}})}{(\alpha + 1) + \nu_{\mathrm{m}}(\alpha + \beta)} \tau_{yz} = b_{\mathrm{r}}\tau_{yz} \\ \tau_{yz}^{\mathrm{m}} = \dfrac{2(1 + \beta\nu_{\mathrm{m}})}{(\alpha + 1) + \nu_{\mathrm{m}}(\alpha + \beta)} \tau_{yz} = b_{\mathrm{m}}\tau_{yz} \end{cases} \quad (3\text{-}38)$$

将式(3-35)和式(3-38)代入式(3-30)得煤、岩交界面处软岩体的应力状态为：

$$\begin{bmatrix} \sigma_x^{\mathrm{r}} \\ \sigma_y^{\mathrm{r}} \\ \sigma_z^{\mathrm{r}} \end{bmatrix} = \begin{bmatrix} l_1^2 & m_1^2 & n_1^2 \\ A_{21} & A_{22} & A_{23} \\ A_{31} & A_{32} & A_{33} \end{bmatrix} \begin{bmatrix} \sigma_1 \\ \sigma_2 \\ \sigma_3 \end{bmatrix},\ \begin{bmatrix} \tau_{xy}^{\mathrm{r}} \\ \tau_{yz}^{\mathrm{r}} \\ \tau_{zx}^{\mathrm{r}} \end{bmatrix} = \begin{bmatrix} l_1 l_2 & m_1 m_2 & n_1 n_2 \\ b_{\mathrm{r}} l_2 l_3 & b_{\mathrm{r}} m_2 m_3 & b_{\mathrm{r}} n_2 n_3 \\ l_3 l_1 & m_3 m_1 & n_3 n_1 \end{bmatrix} \begin{bmatrix} \sigma_1 \\ \sigma_2 \\ \sigma_3 \end{bmatrix}$$

$$(3\text{-}39)$$

式中：

$A_{21} = -a_{yx}l_1^2 + (1 + a_{yy})l_2^2 - a_{yz}l_3^2,\ A_{22} = -a_{yx}m_1^2 + (1 + a_{yy})m_2^2 - a_{yz}m_3^2,$

$A_{23} = -a_{yx}n_1^2 + (1 + a_{yy})n_2^2 - a_{yz}n_3^2,\ A_{31} = -a_{zx}l_1^2 - a_{zy}l_2^2 + (1 + a_{zz})l_3^2,$

$A_{32} = -a_{zx}m_1^2 - a_{zy}m_2^2 + (1 + a_{zz})m_3^2,\ A_{33} = -a_{zx}n_1^2 - a_{zy}n_2^2 + (1 + a_{zz})n_3^2$

煤体在交界面附近区域的应力状态为：

$$\begin{bmatrix} \sigma_x^{\mathrm{m}} \\ \sigma_y^{\mathrm{m}} \\ \sigma_z^{\mathrm{m}} \end{bmatrix} = \begin{bmatrix} l_1^2 & m_1^2 & n_1^2 \\ B_{21} & B_{22} & B_{23} \\ B_{31} & B_{32} & B_{33} \end{bmatrix} \begin{bmatrix} \sigma_1 \\ \sigma_2 \\ \sigma_3 \end{bmatrix},\ \begin{bmatrix} \tau_{xy}^{\mathrm{m}} \\ \tau_{yz}^{\mathrm{m}} \\ \tau_{zx}^{\mathrm{m}} \end{bmatrix} = \begin{bmatrix} l_1 l_2 & m_1 m_2 & n_1 n_2 \\ b_{\mathrm{m}} l_2 l_3 & b_{\mathrm{m}} m_2 m_3 & b_{\mathrm{m}} n_2 n_3 \\ l_3 l_1 & m_3 m_1 & n_3 n_1 \end{bmatrix} \begin{bmatrix} \sigma_1 \\ \sigma_2 \\ \sigma_3 \end{bmatrix}$$

$$(3\text{-}40)$$

式中：

$B_{21} = a_{yx}l_1^2 + (1 - a_{yy})l_2^2 + a_{yz}l_3^2,\ B_{22} = a_{yx}m_1^2 + (1 - a_{yy})m_2^2 + a_{yz}m_3^2,$

$B_{23} = a_{yx}n_1^2 + (1 - a_{yy})n_2^2 + a_{yz}n_3^2,\ B_{31} = a_{zx}l_1^2 + a_{zy}l_2^2 + (1 - a_{zz})l_3^2,$

$B_{32} = a_{zx}m_1^2 + a_{zy}m_2^2 + (1 - a_{zz})m_3^2,\ B_{33} = a_{zx}n_1^2 + a_{zy}n_2^2 + (1 - a_{zz})n_3^2$

比较式(3-30)和式(3-39)、式(3-40)可见,由于煤-岩交界面的黏结约束作用导致煤体和岩体中的应力状态发生了变化,在交界面两体应变保持协调,但由于变形常数的差异,导致某些应力并不连续。若 $\alpha = \beta = 1$,即煤-岩组合体的变形系数相同,此时,a_{yx},a_{yy},a_{zy} 均为 0,在煤-岩交界面不会产生派生应力,此时组合体的强度及破坏特征可由 3.2 节中建立的煤-岩组合体等效强度准则进行讨论。

3.4　煤-岩界面效应对两体强度的影响分析

3.4.1　煤、岩体的主应力求解

假设主应力空间基向量 (i_1,i_2,i_3) 在 π 平面上的投影为 (i'_1,i'_2,i'_3),在 π 平面上建立直角坐标系 xOy 如图 3-22 所示,设应力偏张量 OS 与 x 轴的夹角为 θ。

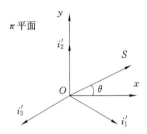

图 3-22　应力偏张量在 π 平面上的投影

在 π 平面上,应力偏张量 OS 的长度为:

$$OS = \frac{2}{3}\sigma_i \tag{3-41}$$

式中,σ_i 为应力强度,并且:

$$\sigma_i = \sqrt{3J_2} = \sqrt{\frac{1}{2}\left[(\sigma_x - \sigma_y)^2 + (\sigma_y - \sigma_z)^2 + (\sigma_z - \sigma_x)^2\right] + 3(\tau_{xy}^2 + \tau_{yz}^2 + \tau_{zx}^2)} \tag{3-42}$$

由图 3-22 可知主偏应力为:

$$\begin{cases} S_1 = \dfrac{2}{3}\sigma_i \cos(30° + \theta) \\[2mm] S_2 = \dfrac{2}{3}\sigma_i \sin\theta \\[2mm] S_3 = -\dfrac{2}{3}\sigma_i \cos(30° - \theta) \end{cases} \tag{3-43}$$

由此得到应力偏张量第三不变量为：

$$J_3 = S_1 S_2 S_3 = -\frac{2}{27}\sigma_i^3 \sin 3\theta$$

故：

$$\sin 3\theta = -\frac{27}{2\sigma_i^3}J_3 \tag{3-44}$$

应力偏张量第三不变量还可表示为：

$$J_3 = \frac{2I_1^3 + 9I_1 I_2 + 27 I_3}{27} \tag{3-45}$$

式中，I_1，I_2，I_3 为应力张量的三个不变量，并且：

$$I_1 = \sigma_x + \sigma_y + \sigma_z$$
$$I_2 = \tau_{xy}^2 + \tau_{yz}^2 + \tau_{zx}^2 - \sigma_x\sigma_y - \sigma_y\sigma_z - \sigma_z\sigma_x$$
$$I_3 = \sigma_x\sigma_y\sigma_z + 2\tau_{xy}\tau_{yz}\tau_{zx} - \sigma_x\tau_{yz}^2 - \sigma_y\tau_{zx}^2 - \sigma_z\tau_{xy}^2$$

由于 $\tan\theta = \mu_\sigma / \sqrt{3}$，$\mu_\sigma$ 为应力 Lode 角，变化范围为 $-1 \leqslant \mu_\sigma \leqslant 1$，因此 $-30° \leqslant \theta \leqslant 30°$。由式(3-42)、式(3-44)和式(3-45)即可求得一定应力状态下的应力强度 σ_i 及角度 θ，再代入式(3-43)可得主偏应力 S_1，S_2，S_3，由此可求得三个主应力为：

$$\sigma_\lambda = S_\lambda - \sigma_m (\lambda = 1, 2, 3) \tag{3-46}$$

设：

$$A = \begin{vmatrix} \tau_{yx} & \tau_{zx} \\ \sigma_y - \sigma & \tau_{zy} \end{vmatrix}, B = \begin{vmatrix} \sigma_x - \sigma & \tau_{zx} \\ \tau_{xy} & \tau_{zy} \end{vmatrix}, C = \begin{vmatrix} \sigma_x - \sigma & \tau_{yx} \\ \tau_{xy} & \sigma_y - \sigma \end{vmatrix}$$

则应力主方向的方向余弦为：

$$\omega_1 = \sqrt{\frac{A^2}{A^2 + B^2 + C^2}}, \omega_2 = \sqrt{\frac{B^2}{A^2 + B^2 + C^2}}, \omega_3 = \sqrt{\frac{C^2}{A^2 + B^2 + C^2}}$$

3.4.2　岩-煤刚度比对两体强度的影响

为分析岩-煤刚度比(弹性模量比例系数 α)对交界面区域两体强度的影响，设煤体刚度不变，逐渐增加软岩体刚度，为方便讨论，假设界面倾角为 0°，即两体交界面为水平。此时 $l_1 = m_2 = n_3 = 1$，其余方向余弦为 0，代入式(3-39)得软岩体在交界面区域的应力状态为：

$$\begin{cases} \sigma_x^{\mathrm{r}} = \sigma_1 \\ \sigma_y^{\mathrm{r}} = -a_{yx}\sigma_1 + (1 + a_{yy})\sigma_2 - a_{yz}\sigma_3 \\ \sigma_z^{\mathrm{r}} = -a_{zx}\sigma_1 - a_{zy}\sigma_2 + (1 + a_{zz})\sigma_3 \\ \tau_{xy}^{\mathrm{r}} = \tau_{yz}^{\mathrm{r}} = \tau_{zx}^{\mathrm{r}} = 0 \end{cases} \tag{3-47}$$

同理，煤体在交界面区域的应力状态为：

$$\begin{cases} \sigma_x^{\mathrm{m}} = \sigma_1 \\ \sigma_y^{\mathrm{m}} = a_{yx}\sigma_1 + (1 - a_{yy})\sigma_2 + a_{yz}\sigma_3 \\ \sigma_z^{\mathrm{m}} = a_{zx}\sigma_1 + a_{zy}\sigma_2 + (1 - a_{zz})\sigma_3 \\ \tau_{xy}^{\mathrm{m}} = \tau_{yz}^{\mathrm{m}} = \tau_{zx}^{\mathrm{m}} = 0 \end{cases} \tag{3-48}$$

可见此时两体在交界面区域的应力均为主应力。设煤、岩体均满足莫尔-库仑强度准则，并设：

$$\begin{cases} \sigma_1^{\mathrm{r}} = \xi_{\mathrm{r}}\sigma_3 + \eta_{\mathrm{r}} \\ \sigma_1^{\mathrm{m}} = \xi_{\mathrm{m}}\sigma_3 + \eta_{\mathrm{m}} \end{cases} \tag{3-49}$$

式中，$\xi_i = (1 + \sin\varphi_i)/(1 - \sin\varphi_i)$，$\eta_i = 2c_i/(1 - \sin\varphi_i)$，其中 i 表示岩体 r 或煤体 m，φ_i，C_i 分别为煤、岩两体的内摩擦角和黏聚力。在距离交界面区域较远处，应力状态受黏结约束作用较小，此时煤、岩体的应力状态没有改变，在一定围压下其三轴抗压强度可按照式(3-49)计算。但在交界面区域附近，黏结约束作用改变了横向作用的主应力，导致其抗压强度发生变化。如果 $\sigma_y^{\mathrm{r}} > \sigma_z^{\mathrm{r}}$，此时 σ_z^{r} 即为 σ_3，由式(3-47)得岩石在交界面区域附近的抗压强度为：

$$\sigma_1^{\mathrm{r}} = \frac{\xi_{\mathrm{r}}[-a_{zy}\sigma_2 + (1 + a_{zz})\sigma_3]}{1 + \xi_{\mathrm{r}}a_{zx}} + \frac{\eta_{\mathrm{r}}}{1 + \xi_{\mathrm{r}}a_{zx}} \tag{3-50}$$

反之，若 $\sigma_y^{\mathrm{r}} < \sigma_z^{\mathrm{r}}$，此时 σ_y^{r} 即为 σ_3，则岩石在接触区域附近的抗压强度为：

$$\sigma_1^{\mathrm{r}} = \frac{\xi_{\mathrm{r}}[(1 + a_{yy})\sigma_2 - a_{yz}\sigma_3]}{1 + \xi_{\mathrm{r}}a_{yx}} + \frac{\eta_{\mathrm{r}}}{1 + \xi_{\mathrm{r}}a_{yx}} \tag{3-51}$$

同理可分析煤体的抗压强度。若 $\sigma_y^{\mathrm{m}} > \sigma_z^{\mathrm{m}}$，此时 σ_z^{m} 即为 σ_3，由式(3-48)得煤体在交界面区域附近的抗压强度为：

$$\sigma_1^{\mathrm{m}} = \frac{\xi_{\mathrm{m}}[a_{zy}\sigma_2 + (1 - a_{zz})\sigma_3]}{1 - \xi_{\mathrm{m}}a_{zx}} + \frac{\eta_{\mathrm{m}}}{1 - \xi_{\mathrm{m}}a_{zx}} \tag{3-52}$$

反之，若 $\sigma_y^{\mathrm{m}} < \sigma_z^{\mathrm{m}}$，此时 σ_y^{m} 即为 σ_3，则岩石在交界面区域附近的抗压强度为：

$$\sigma_1^{\mathrm{m}} = \frac{\xi_{\mathrm{m}}[(1 - a_{yy})\sigma_2 + a_{yz}\sigma_3]}{1 - \xi_{\mathrm{m}}a_{yx}} + \frac{\eta_{\mathrm{m}}}{1 - \xi_{\mathrm{m}}a_{yx}} \tag{3-53}$$

实际上，若假设组合体微元的主应力排序为 $\sigma_1 > \sigma_2 \geqslant \sigma_3$，由于系数满足

$a_{yy}=a_{zz}$，$a_{zy}=a_{yz}$，因此煤、岩体在交界面区域恒有 $\sigma_y^r > \sigma_z^r$ 和 $\sigma_y^m > \sigma_z^m$，此时两体的抗压强度可直接利用式(3-50)和式(3-52)计算。

取以下基本参数对煤、岩两体交界面区域的三轴抗压强度进行分析：煤体 $C_m = 1$ MPa，$\varphi_m = 30°$，$E_m = 1$ GPa，软岩体 $C_r = 2$ MPa，$\varphi_r = 40°$。

图 3-23 为 $\sigma_2 = 2$ MPa，$\sigma_3 = 1$ MPa 时，岩石刚度比对交界面区域两体强度的影响，图中 σ_1^m 和 σ_1^r 分别表示不受交界面影响的煤体和岩石强度（以下简称原始抗压强度），σ_1^{mc} 和 σ_1^{rc} 分别表示交界面区域附近的煤体和岩石强度，强度改变量 $\Delta\sigma_1^m = \sigma_1^{mc} - \sigma_1^m$，$\Delta\sigma_1^r = \sigma_1^r - \sigma_1^{rc}$。由图 3-23(a)可见，由于界面约束作用，煤体在该区域的强度得到较大的提高，随着 $\varphi_r = 40°$ 的增加，σ_1 呈增加趋势；当 $\alpha > 2$ 时，煤体在派生应力作用下，其三轴抗压强度已超过岩石的三轴抗压强度 σ_1^r；软岩体的强度随着 α 的增加有下降趋势，但下降速度没有小刚度煤体明显；当 $\alpha > 3$ 时，软岩体在该区域的强度趋于稳定，并且近似等于煤体的强度 σ_1^m。

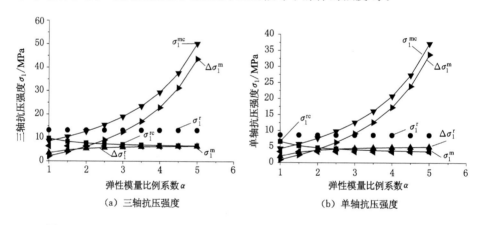

图 3-23　$\sigma_2 = 2$ MPa，$\sigma_3 = 1$ MPa 时，岩石刚度比对交界面区域两体强度的影响

图 3-23(b)中两体的单轴抗压强度与三轴抗压强度具有相同的变化趋势。当 $\alpha < 1.5$ 时，交界面区域岩石的单轴抗压强度高于煤体的抗压强度；当 $\alpha > 2.5$ 时，交界面区域附近煤体的单轴抗压强度将超过岩石的原始单轴抗压强度，而且增长幅度不断增大；随着 α 的增加，岩石在交界面区域的单轴抗压强度趋向于煤体的原始单轴抗压强度。实际上，煤-岩组合体处于单轴压缩状态时，若满足岩石刚度大于煤体刚度，即 $E_r > E_m$，并且泊松比满足 $\nu_r < \nu_m$，则大刚度岩石在交界面区域的横向拉应变将小于小刚度煤体的横向拉应变，为保持该处变形协调，大刚度岩石中将派生拉应力，而煤体中将派生压应力。派生应力将使交界面邻域一定范围内的煤、岩应力状态由单向应力状态变成三向应力状态，最终导致大刚度岩石在交界面处强度降低，而小刚度煤体在交界面处强度提高。

图 3-24 为 $\alpha = 2.5, \sigma_2 = \sigma_3$ 时，围压对交界面区域两体强度的影响。两体强度均随围压的增加而增大，煤体在交界面区域的增长幅度更大，并且高于岩石的强度。岩石在交界面区域的强度 σ_1^{rc} 明显低于原始抗压强度 σ_1^r。当 $\sigma_2 = 2$ MPa，$\sigma_3 = 1$ MPa 时，$\sigma_1^{rc} = 7.37$ MPa，$\sigma_1^{mc} = 15.5$ MPa；而当 $\sigma_2 = \sigma_3 = 2$ MPa 时，$\sigma_1^{rc} = 10.6$ MPa，$\sigma_1^{mc} = 20.5$ MPa。这表明等围压下两体的强度要高于不等围压下相应两体的强度。

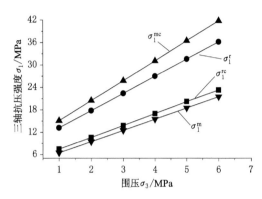

图 3-24　$\alpha = 2.5, \sigma_2 = \sigma_3$ 时，围压对交界面区域两体强度的影响

3.4.3　界面倾角对两体强度的影响

利用式(3-39)~式(3-46)可求得在一定的原始应力 $\sigma_1, \sigma_2, \sigma_3$ 下，煤-岩交界面为不同倾角时两体在该区域的主应力分布及变化规律。取以下基本参数对两体交界面区域主应力分布进行分析：煤体 $C_m = 1$ MPa，$\varphi_m = 30°$，$E_m = 1$ GPa，软岩体 $C_r = 2$ MPa，$\varphi_r = 40°$，原始应力 $\sigma_1 = 5$ MPa，$\sigma_2 = \sigma_3 = 2$ MPa。

图 3-25 为 $\alpha = 2.5$ 时，界面倾角对两体交界面区域主应力的影响规律，图中虚线表示原始作用应力。由图 3-25(a)可见：当界面倾角 $\theta \leqslant 30°$ 时，岩石交界面区域的主应力 σ_1 基本保持不变，σ_2, σ_3 略有增加但变化不明显；当 $\theta > 30°$ 时，主应力 σ_1 快速增加，σ_2 呈现先增后减小的趋势，并最终趋近于原始应力 2 MPa。由莫尔-库仑强度准则可知，岩石的强度在该区域被削弱，而且在 $\theta > 30°$ 之后更明显。煤体在该区域的主应力变化与岩石截然不同，如图 3-25(b)所示。当 $\theta \leqslant 30°$ 时，煤体交界面区域的主应力 σ_1 基本保持不变，σ_3 呈现下降趋势；当 $0 \leqslant \theta \leqslant 20°$ 时，煤体交界面区域的主应力 $\sigma_3 > 2$ MPa，因此煤体强度得到提高；而当 $20° < \theta \leqslant 30°$ 时，煤体交界面区域的主应力 $\sigma_3 < 2$ MPa，煤体强度较原始强度有所降低；当 $\theta \geqslant 50°$ 时，煤体交界面区域的主应力 σ_3 呈增大趋势，而主应力 σ_1 明显下降，因此煤体强度得到提高。

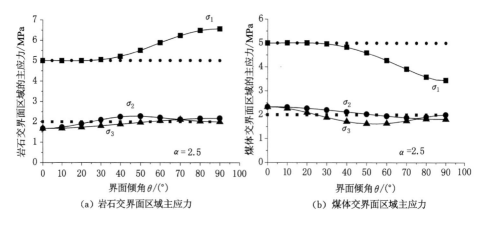

(a) 岩石交界面区域主应力   (b) 煤体交界面区域主应力

图 3-25 $\alpha=2.5$ 时,界面倾角对两体交界面区域主应力的影响规律

图 3-26 为界面倾角 $\theta=20°$ 时,两体刚度比对交界面区域主应力的影响规律。在交界面区域两体的最大主应力 σ_1 基本保持不变,近似等于原始应力 5 MPa。但其余两个主应力变化趋势呈现截然不同的规律。由图 3-26(a) 可知,岩石在交界面区域的主应力 σ_2 和 σ_3 呈现增大趋势,但当 $\alpha \geqslant 3$ 时,σ_2 和 σ_3 趋于稳定。σ_2 趋于原始应力 2 MPa,而 σ_3 略低于 2 MPa,说明当 $\theta=20°$ 时,岩石在该区域的强度随 α 呈现逐渐增大的趋势,最终趋于稳定,但均低于其原始强度。由图 3-26(b) 可知,煤体在交界面区域的主应力 σ_2 和 σ_3 呈现逐渐减小的趋势,当 $\alpha \geqslant 3$ 时,σ_2 和 σ_3 基本保持不变,最终 σ_3 趋于原始应力 2 MPa,而 σ_2 略高于原始应力 2 MPa,说明当 $\theta=20°$ 时,煤体在交界面区域的强度降低,但均高于其原始强度。

3.4.4 有关结果讨论

本节针对刚度不同的煤-岩组合体模型,讨论了煤、岩两体在交界面区域附近的应力状态和强度特性,所得的结论适用于两体之间具有黏结力、受力后不产生相对滑动的情况。

(1) 由于煤、岩两体弹性常数的不同和交界面的黏结约束作用,将改变该区域附近两体的应力状态,进而改变两体在该区域的抗压强度,当界面方位(倾角)不同时,两体刚度比对其强度的影响规律明显不同。因此刚度的影响呈现明显的各向异性特点,煤、岩两体在交界面区域附近的应力状态和强度既取决于两体的刚度比,又与交界面的方位有关。

(2) 本节得到的有关结论既适用于煤-岩两体组合模型,又适用于不同岩性

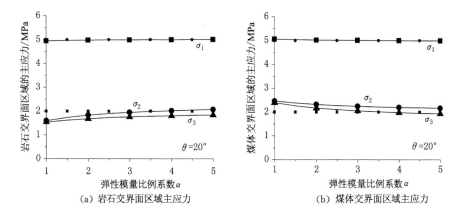

图 3-26　界面倾角 $\theta = 20°$ 时,两体刚度比对交界面区域主应力的影响规律

岩体的组合模型,对于不同岩性岩石组合成的三元体模型同样适用。如在地下工程中,经常遇到硬岩中夹有软弱岩层的复合结构。若软弱岩石位于两硬岩之间,上下硬岩的黏结约束作用将改变交界面的应力状态,使软岩的强度得到提高,这有利于提高复合结构的稳定性;但若软岩在两层硬岩之外,这对整个结构的稳定性是很不利的。

（3）本书结论适用于两体充分黏结的情况。但工程岩体结构中还存在一般黏结的情况。如两岩石间具有软弱充填物,或者两体之间直接自由交叠在一起,此时交界面的黏结强度较低。因此在讨论交界面区域问题时,应考虑黏结强度的影响,如充分黏结和一般黏结时的结果差异。若是一般黏结,则交界面将既有黏结效应又有摩擦效应,此时还应考虑两体间摩擦系数的影响。

（4）新疆伊犁矿区处于典型的弱胶结软岩地层中,在围岩风化严重或含水量较大的地层,煤体强度和刚度要高于软岩体,因此对于穿煤巷道,由于煤-岩界面约束作用,软弱围岩将降低煤体的强度,使煤巷变得不稳定。

3.5　本章小结

本章利用形变能等效理论,基于均匀化思想,建立了煤-岩组合体的等效平面应力状态模型;假定煤、岩体及等效体均满足莫尔-库仑屈服准则,建立了等效体即煤-岩组合体的"复合强度准则";求解了特定参数下煤、岩单体及等效体的破坏轨迹曲线;考虑煤、岩交界面影响,分析了不同交界面黏结状态下等效体的破坏特征。假定煤、岩交界面具有黏结强度并且无相对滑动,利用叠加原理推导了交界面区域附近两体的应力状态计算公式,并分析了两体刚度比、界面倾角、

围压对两体强度的影响,所得结论如下:

(1) 煤-岩组合体的"复合强度准则"实际上包含了 Jaeger 提出的"单一弱面理论",同时也考虑了"结构面＋不同岩性岩石"的组合岩体模型的强度特征。在低围压下,煤-岩组合体强度呈现明显的各向异性特征,其破坏与煤、岩单体强度参数及尺寸参数有关;高围压下,各向异性程度降低,煤-岩组合体趋向于各向同性岩石。

(2) 由于煤、岩两体力学参数的不同,在黏结状态下,为保证交界面的应力连续性,在交界面附近两体内会派生出应力,因此交界面区域附近两体强度明显不同于两体远端强度,呈现各向异性特点。

(3) 本章所推导的有关计算公式和计算结论也适用于岩性不同的多种岩体组成的复合岩石结构。

本章参考文献

[1] 周科平.等效弹塑性岩体本构关系数值计算与试验分析[J].矿业研究与开发,1993,13(2):66-71.

[2] 陈子荫.围岩力学分析中的解析方法[M].北京:煤炭工业出版社,1994.

[3] SACCHI L G,TALIERCIO A. A note on failure conditions for layered materials[J]. Meccanica,1987,22(2):97-102.

[4] JAEGER J C. Shear failure of anistropic rocks[J]. Geological magazine,1960,97(1):65-72.

[5] 谭学术,鲜学福.复合岩体的三轴抗压强度[J].桂林冶金地质学院学报,1985,5(4):333-340.

第 4 章　不同界面效应下煤-岩组合体破坏的强度和刚度关联性分析

矿山地下工程是由围岩、煤等不同地质体组成的复合结构,由开挖及开采扰动导致的岩爆、冲击矿压等动力灾害,实际上是由若干不同力学特性的地质体相互作用导致整体力学系统产生非稳定变形的结果。顶板、煤层、底板构成一个复合承载系统,其中任何一种单体失稳都会引起整体破坏。各层地质体之间的强度、刚度及力学形态之间的差异,导致其组合后的整体破坏特征明显不同于单体破坏,结构效应对复合体的力学行为起主导作用。因此,研究基于"围岩-煤"系统下的煤层与顶底板的结构力学效应以及破坏特征和破坏征兆信息,对于预测煤岩矿山动力灾害具有重要的实践意义。

4.1　不同界面效应下煤-岩组合体的力学模型

地下工程围岩结构往往是由不同岩性的岩体组成,因此不可避免地存在不同介质岩体之间的交界面问题,如工程岩体中的结构面、层理、节理以及断层等。顶板-煤体-底板组成的复合结构是矿山工程的主要载体,其整体稳定性和力学行为对矿山结构的稳定性及矿山安全具有重要影响。大量的实践经验已经证明,工程结构的稳定性既取决于交界面两侧介质的力学特性,也与交界面的黏结状态有关,因此复合结构的稳定性应与交界面两侧介质相互作用的综合效应有关。新疆伊犁矿区地层为弱胶结软岩地层,巷道多开挖于相对较硬的煤层,因此煤层-顶板以及煤层-底板组成的二元复合结构的力学行为,对巷道顶板和底板的稳定性具有重要影响。目前,对于此类问题的研究通常将煤体和顶、底板岩石视为共同承载的一体,未考虑界面效应对两体相互作用的影响。目前,有学者已经开展了交界面对两侧介质影响的相关研究,如针对砂浆-混凝土、砂浆-岩石等二元组合体材料,通过在两体之间涂抹胶凝材料来改变两体之间的接触状态,建立交界面剪切应力与剪切位移的本构关系[1-4];此外,国内外对于两体之间的相互作用多以断裂力学为基础,主要研究交界面的裂纹等[5-6]。目前在关于两体的数值分析中,通常的做法是分别设置交界面两侧不同介质材料的力学参数,将两种介质统一划分网格进行力学分析,忽略了交界面对两体相互作用的影响,以及在不同的接触状态下两种介质表现出来的复杂的力学响应,这显然与实际不符。

4.1.1 煤、岩交界面的本构方程

交界面黏结强度的差异将会改变两侧介质的相互作用,交界面的应力-位移关系可表征其接触行为。为模拟不同介质体之间的接触行为,Goodman 等[7]提出了无厚度接触单元,其本构矩阵为:

$$\begin{bmatrix} \sigma_n \\ \tau \end{bmatrix} = \begin{bmatrix} k_n & 0 \\ 0 & k_s \end{bmatrix} \begin{bmatrix} w_n \\ w_s \end{bmatrix} = [D]_i \begin{bmatrix} w_n \\ w_s \end{bmatrix} \tag{4-1}$$

式中:σ_n 和 τ 分别为交界面的法向应力和切向应力;k_n 和 k_s 分别为交界面的法向刚度和切向刚度;w_n 和 w_s 分别为交界面的法向位移和切向位移;$[D]_i$ 为交界面单元的刚度矩阵。

由于接触单元厚度为 0,因此在模拟岩体之间直接接触、无软弱夹层情况时具有优势。但由于其本构模型为线性关系,因此这种交界面单元无法模拟交界面黏结、滑动或撕裂等非线性力学行为;再者,单元容易嵌入,因此为防止两体的相互侵入,其法向刚度 k_n 需设置得非常大,通常达到 $10^8 \sim 10^{12}$ 量级。Desai 等[8]在此基础上提出了有厚度的非线性接触单元,单元厚度一般设置为接触尺寸的 $1\% \sim 10\%$,为薄层单元,这种单元有效改善了交界面附近应力分布的连续性,单元的非线性本构关系为:

$$d\boldsymbol{\sigma} = \begin{bmatrix} [D_{nn}]_i & [D_{ns}]_i \\ [D_{sn}]_i & [D_{ss}]_i \end{bmatrix} d\boldsymbol{\varepsilon} = [D]_i d\boldsymbol{\varepsilon} \tag{4-2}$$

式中,$d\boldsymbol{\sigma}$ 为应力增量张量;$d\boldsymbol{\varepsilon}$ 为应变增量张量;$[D_{nn}]_i$ 和 $[D_{ss}]_i$ 分别为法向拉伸和横向剪切部分的刚度;$[D_{ns}]_i$ 和 $[D_{sn}]_i$ 分别为拉伸与剪切耦合部分的刚度。

Desai 接触单元克服了 Goodman 线性单元的短板,可模拟交界面的黏结、滑动、张开和闭合等非线性接触状态,但是交界面单元的厚度及力学参数的选择都是难题。

此外,很多学者和工程人员基于大量试验提出了针对特定两体介质的接触本构模型。Clough 等[9]在 1971 年建立了非线弹性模型;Brandt[10]提出了非线弹性-理想塑性模型;Zhang 等[11]建立了聚合物水泥砂浆-混凝土交界面的界面软化本构关系;栾茂田、路德春等[12-13]建立了土与结构间交界面的非线性弹性-理想塑性模型;Yin 等[14]建立了土体与混凝土接触的刚-塑性模型;Qian 等[15]建立了弹性-黏塑性模型;Hu 等[16]提出了土工结构交界面的损伤模型;胡启军等[17]通过红层泥岩桩岩交界面大型直剪试验,研究了桩岩(土)交界面力学特性,推导出了桩岩交界面应变软化本构方程。除此之外,Esterhuizen 等[18]和

Kim[19]分别建立了应变软化模型。尽管目前学者们已经提出了很多可利用的交界面模型,但这些模型均基于不同试验建立,难以嵌入通用的计算软件中,而且不同地质体之间或工程体-地质体之间的接触行为随着两体介质的变化具有显著差异。相比以上模型,岩土工程界普遍应用的三维有限差分软件 FLAC³D 的内置接触模型简单而且实用,可用于模拟不同地质体的软弱交界面、节理、断层、桩土交界面等物体间的接触、滑动、张开等问题。

FLAC³D中内嵌了无厚度交界面 Interface 单元,交界面本构模型为基于库仑剪切破坏准则的线弹性-理想塑性模型,如图 4-1 所示。接触单元的接触力学行为可由以下参数定义:交界面法向和切向刚度 k_n,k_s;抗拉和抗剪强度 σ_t,S_s;交界面的黏聚力和内摩擦角 C,φ;剪胀角 ψ,如图 4-2 所示。

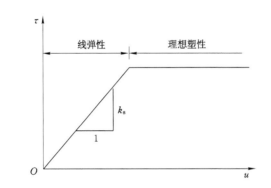

图 4-1　Interface 单元的线弹性-理想塑性本构模型

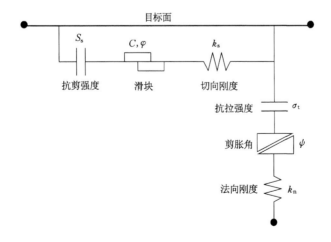

图 4-2　Interface 单元的本构模型示意图

在线弹性阶段，$t+\Delta t$ 时刻交界面的法向力和切向力由下式计算[20]：

$$F_n^{(t+\Delta t)} = k_n u_n A + \sigma_{n0} A$$
$$F_{si}^{(t+\Delta t)} = F_{si}^{(t)} + k_s \Delta u_{si}^{(t+0.5\Delta t)} A + \sigma_{si} A \qquad (4-3)$$

式中：$F_n^{(t+\Delta t)}$，$F_{si}^{(t+\Delta t)}$ 分别为 $t+\Delta t$ 时刻的法向力和切向力；u_n 为交界面节点贯入目标面的绝对位移；Δu_{si} 为相对剪切位移增量；σ_{n0}，σ_{si} 分别为交界面应力初始化造成的附加法向应力和切向应力；A 为交界面节点代表面积。

在理想塑性阶段，交界面节点存在三种接触状态：黏结状态、滑动状态和分离状态。根据莫尔-库仑抗剪强度准则，交界面切向和法向达到塑性流动状态时应满足以下关系：

$$\begin{cases} F_{smax} = CA + \tan\varphi(F_n - pA) \\ F_n = \sigma_t \end{cases} \qquad (4-4)$$

式中，p 为孔隙压力。

（1）若 $F_n < \sigma_t$，$F_{si} < F_{smax}$，则交界面处于黏结状态，交界面单元节点变形在线弹性阶段。

（2）若 $F_n < \sigma_t$，并且 $F_{si} = F_{smax}$，则交界面进入塑性流动状态，即库仑滑动状态。滑动过程中，若交界面无剪胀行为，则切向力保持 $F_{si} = F_{smax}$ 不变，法向力无须修正；如果交界面产生剪胀，则剪切位移 Δu_{si} 会导致有效法向应力的增加，此时交界面的法向应力应按照下式进行修正：

$$\sigma'_n = \sigma_n + \frac{|F_s|_0 - F_{smax}}{A k_s} \tan\psi k_n \qquad (4-5)$$

式中，$|F_s|_0$ 为修正前的剪力大小。

（3）若 $F_n > \sigma_t$，即交界面上存在拉应力并且超过了抗拉强度时，交界面两侧介质处于分离状态，交界面被破坏，此时 $F_n = 0$，$F_{si} = 0$，并且交界面的抗拉强度满足 $\sigma_t = 0$。

本章研究的重点是矿山工程围岩-煤体组合结构中，交界面对两侧介质相互作用的综合效应，分析煤-岩交界面在胶合状态下破裂的贯穿特性，而不考虑两体之间的滑动、撕裂、张开等复杂接触行为。

4.1.2　弱胶结软岩、煤单体的应变软化行为

岩石的失稳是一个微裂隙扩展、贯通的渐进破坏过程，这一破坏过程将从峰前跨越至峰后甚至残余阶段，而不是对应某一个特定状态。试验表明大部分岩体在三轴压缩下均呈现剪切破坏。已有数值模拟研究表明，剪切破坏带的形成始于峰前阶段，但却成形于峰后应变软化阶段甚至是残余阶段，岩体具有应变软化特性是其产生剪切破坏的必要条件[21]。软岩介质多具有应变软化和塑性扩

容特性,从峰值点到残余强度水平的逐渐软化过程中,岩体质量的劣化程度受岩体的力学特性、岩体力场环境和开挖边界条件等多种因素影响,围岩强度越低,峰后软化程度越严重。为全面反映软岩体的破坏过程,采用应变软化模型比采用经典的弹塑性本构模型更具优势,更贴近工程实际情况。

采用莫尔-库仑剪切破坏与拉伸破坏相耦合的联合破坏准则,假定主应力排序为 $\sigma_1 \leqslant \sigma_2 \leqslant \sigma_3$(压应力为负),由于不考虑中间主应力 σ_2 的作用,在 (σ_1, σ_3) 平面上该联合破坏准则的包络线如图 4-3 所示。

莫尔-库仑破坏包络线为:

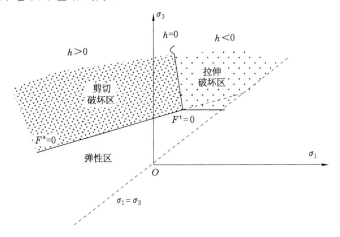

图 4-3 剪切破坏和拉伸破坏的联合破坏准则

$$F^s = \sigma_1 - \sigma_3 \tan^2(45° + \varphi/2) + 2C\tan(45° + \varphi/2) \tag{4-6}$$

拉伸破坏包络线:

$$F^t = \sigma^t - \sigma_3 \tag{4-7}$$

式中: φ 为内摩擦角; C 为黏聚力; σ^t 为抗拉强度。

定义函数 $h(\sigma_1, \sigma_3) = 0$ 为剪切破坏和拉伸破坏包络线 F^s, F^t 交点处的对角线,则:

$$h(\sigma_1, \sigma_3) = \sigma_3 - \sigma^t + \alpha(\sigma_1 - \sigma^p) \tag{4-8}$$

式中, $\alpha = \sqrt{1 + \tan^4(45° + \varphi/2)} + \tan^2(45° + \varphi/2)$; $\sigma^p = \sigma^t \tan^2(45° + \varphi/2) - 2C\tan(45° + \varphi/2)$ 。

当材料应力状态位于 $h<0$ 的阴影区时,将发生拉伸破坏;当材料应力状态位于 $h>0$ 的阴影区时,将发生剪切破坏。

在数值计算中,软岩体应力-应变关系示意图如图 4-4 所示。单元到达屈服之前,为弹性阶段,只产生弹性应变 ε_e ;单元屈服后,其总应变包括弹性应变和塑性应变两部分,即 $\varepsilon = \varepsilon_e + \varepsilon_p$。单元的屈服采用剪切破坏与拉伸破坏的联合破坏准则,即式(4-6)和式(4-7)。

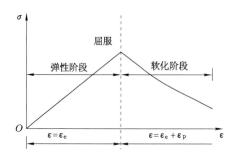

图 4-4　应力-应变关系示意图

塑性屈服开始后,由于微裂隙的扩展、贯通,岩体的强度参数被弱化。考虑峰后应变软化导致黏聚力和内摩擦角的衰减,以等效塑性应变 ε^{ps} 为应变软化参量,则有:

$$C = C(\varepsilon^{ps}), \varphi = \varphi(\varepsilon^{ps}) \tag{4-9}$$

并且:

$$\begin{cases} \varepsilon^{ps} = \dfrac{1}{\sqrt{2}} \sqrt{(\varepsilon_1^p - \varepsilon_m^p)^2 + (\varepsilon_m^p)^2 + (\varepsilon_3^p - \varepsilon_m^p)^2} \\ \varepsilon_m^p = (\varepsilon_1^p + \varepsilon_3^p)/3 \end{cases} \tag{4-10}$$

式中,ε_1^p 和 ε_3^p 均为塑性主应变分量。

式(4-9)表明,单元屈服之后,抗剪强度参数可通过塑性应变的大小进行迭代计算,其变化规律可通过试验测得。若峰后抗剪强度参数与塑性应变之间为非线性变化关系,则可通过分段线性来定义,如图 4-5 所示,在两个分段参数之间,抗剪强度参数与塑性应变呈线性变化规律。

该模型采用等效塑性切应变定义峰后的软化参数,这与基于细观机制的应变梯度理论具有一致性,在适当的参数设置下,可以在连续介质力学的框架下观察煤、软岩体的峰后破坏行为。再者,FLAC³ᴰ基于拉格朗日元法,可以解决采用常规有限元求解应变软化问题时遇到的负刚度问题,由于拉格朗日元法在数值迭代过程中,并不形成刚度矩阵,不必求解大型的方程组,所以并不存在负刚度问题。因此,FLAC³ᴰ在解决应变软化问题方面比其他通用软件更具优势。

4.1.3　不同界面效应下煤-岩组合体的力学模型

现有的不同地质体组合模型数值计算通常的做法是将分析模型置于同一个

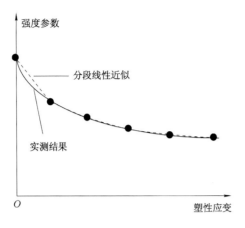

图 4-5　峰后强度参数弱化曲线

网格系统中,只是简单地设置两介质的不同力学参数,这种分析模型对于两体之间刚度和强度相近、交界面黏结强度较高的煤-岩组合体是适用的。但若两体岩性差异较大,则接触状态对两体表现出来的整体力学行为影响较大。

为深入理解弹塑性本构模型和应变软化模型对软岩体力学响应的影响,以及不同接触状态下煤-岩组合体的地质体分析模型,以下通过煤-岩组合体的单轴压缩试验进行对比分析。

4.1.3.1　数值试验计算条件

煤-岩组合体模型采用标准圆柱体,直径为 50 mm,高度为 100 mm,设两者高度比为 1(如图 4-6 所示),在单轴压缩小变形下进行模拟。模型上、下端面质点仅允许向上、下运动,其他方向的运动都被约束,采用位移控制方式加载,加载速度 $v = 2 \times 10^{-8}$/时步。软岩和煤体的物理力学参数见表 4-1。

表 4-1　软岩和煤体的物理力学参数

介质	弹性模量/GPa	泊松比	初始黏聚力/MPa	初始内摩擦角/(°)	抗拉强度/MPa
软岩	2.1	0.252	3.5	44	1.11
煤体	1.5	0.272	2.5	40	0.50

4.1.3.2　不同本构模型下煤-岩组合体的力学响应

对于莫尔-库仑理想弹塑性模型,单元屈服后,材料的黏聚力和内摩擦角保持初始值不变;而应变软化模型下,单元屈服后,材料的黏聚力和内摩擦角会产生弱化,根据有关试验结果,煤体和岩石的峰后强度参数衰减规律如图 4-7 所示。

位移加载

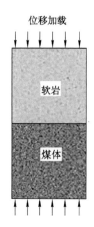

图 4-6 煤-岩组合体单轴压缩模型

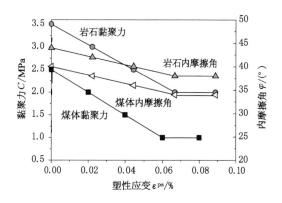

图 4-7 煤体和岩石的峰后强度参数衰减规律

对于煤-岩二元组合体,其本构关系存在以下三种组合方式:弹塑性-弹塑性(M-M)、弹塑性-应变软化(M-S)、应变软化-应变软化(S-S)。为保证单元网格的均匀,以及不同本构模型下的可比性,将煤-岩组合体置于同一个网格系统中,统一划分网格。假设煤-岩交界面具有高黏结强度,参数如下:刚度 $k_n = k_s = 300$ GPa/m,黏聚力 $C_c = 100$ MPa,内摩擦角 $\varphi_c = 40°$。由于应变局部化的影响,即变形和破坏向某一局部区域集中,即使采用理想弹塑性模型,峰后应力-应变曲线也会产生下倾。为避免该影响,应尽量使单元变形均匀,因此网格划分不能过细,经过试算数值计算网格划分如下:单元尺寸为 5 mm,径向划分为 10 个单元,轴向划分为 20 个单元。

图 4-8 为不同本构模型组合下煤-岩组合体的应力-应变曲线。M-M 模型计

算得到的组合体单轴抗压强度为 13 MPa,而考虑应变软化后,M-S、S-S 模型得到的组合体单轴抗压强度为 11.5 MPa,两者有一定差异。从变形全过程来看,三种模型在峰前弹性阶段的应力-应变曲线完全重合,但跨越峰值点后,三种模型在反映组合体的非线性变形特征方面差距很大。M-M 模型组合下,模型达到峰值强度后,应变迅速增加,但是应力保持不变,表现出典型的弹性-理想塑性变形特征;而 M-S 和 S-S 模型组合下,由于考虑了峰后岩体的强度衰减,峰后在变形增加的过程中有一个明显的应力跌落过程,而且介质软化越严重,应力降越大,如 S-S 模型下的峰后应力降模量大于 M-S 模型的峰后应力降模量。

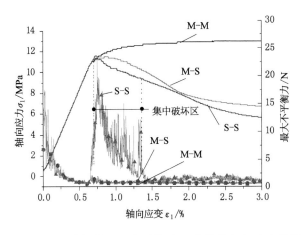

图 4-8　不同本构模型组合下煤-岩组合体的应力-应变曲线

数值计算中的破坏是从一个单元开始的,因此计算尺度取决于划分单元的尺寸,计算时步数取决于单元的数量。最大不平衡力较高并且密集的地方,说明单元破坏比较活跃,据此可判断组合模型的破坏过程,捕捉其破坏的征兆信息。从图 4-8 中应力-应变曲线与最大不平衡力的对应关系看,M-M 和 M-S 模型组合下,模型变形过程中的最大不平衡力变化较平稳,说明单元呈现渐进式破坏,而 S-S 模型在峰后应力跌落阶段最大不平衡力变化异常剧烈,经历了多次突增-衰减的反复过程,说明在该阶段模型单元产生了急剧破坏,破坏向某一区域集中,即产生了明显的局部化。

图 4-9 为不同本构模型组合下煤-岩组合体的径向位移等值云图。由于煤体强度和刚度均小于岩石,M-M 和 M-S 模型组合下,模型的径向位移集中在下部煤体中,但是由于 M-S 模型组合中将煤体设置为应变软化材料,因此其径向位移明显大于 M-M 模型的径向位移,而且向软化煤体集中;S-S 模型组合下,模型在中部横跨煤、岩两体产生了较大径向位移,涉及的单元数量明显多于前两种

弱胶结软岩巷道围岩灾变机理及锚固效应研究

模型的单元数量。

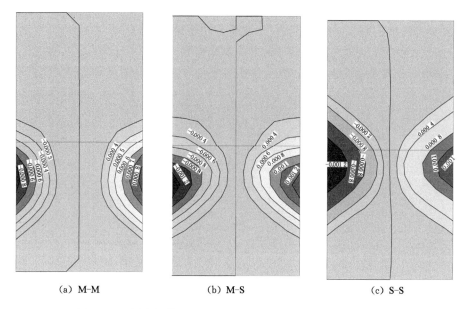

(a) M-M　　　　　　(b) M-S　　　　　　(c) S-S

图 4-9　不同本构模型组合下煤-岩组合体的径向位移等值云图

　　由于弱胶结软岩在低应力水平下表现出明显的应变软化特性,因此软岩巷道围岩常常处于峰后非线性变形阶段。从以上分析来看,在数值计算中,采用不同本构模型得到的模型破坏信息和变形特征具有很大差异,模型的破坏和变形尤以采用 S-S 模型得到的计算结果最为剧烈。因此,在软岩巷道稳定性计算中若采用传统的 M-M 模型,计算结果将偏于安全,会低估软岩体的损伤和破裂程度;相反,采用 S-S 模型更能反映软岩体的力学本质特征。

4.1.3.3　一体两介质与两体两介质模型

　　谢和平课题组通过大量的工程体(砂浆、混凝土等)与地质体(岩石)的室内轴向压缩试验和剪切试验,分析了两体交界面黏结强度对两体介质共同承载力的影响,从而提出了一体两介质和两体两介质模型。即对于两种不同的介质,若层面具有较高的黏结强度,则为一体两介质模型;若交界面无黏结强度,则为两体两介质模型。一体两介质模型的特点是破坏时弱体(强度较低的介质)破裂面能跨越交界面而延伸到强体(强度较高的介质)中,两介质的力学响应能协调发展,具有相同的趋势,表现出连续介质力学的特点;而两体两介质模型交界面两侧介质的内部破坏损伤难以跨越发展,两介质将产生非连续变形,表现出非连续介质的破坏特征。

　　对于煤、岩两体组成的复合模型,本书也将沿用这两个概念。两种不同的力学模型体现在数值计算中,可通过以下方式进行表征:① 当不考虑交界面影响,即目前常用的计算方法,将两体直接赋予不同的材料参数,而不建立交界面模型,可视为一体两介质模型;当考虑交界面影响,但是交界面具有足够高的黏结强度保证两介质交界面力学性质的连续性时,也视为一体两介质模型。② 当考虑交界面影响,并且两介质产生非连续变形时,交界面黏结强度取决于弱体,而且两种介质的破坏具有间断性,视为两体两介质模型。

　　以下通过不同的建模方法和交界面参数设置来直观比较三种模型的分析结果。数值试验计算条件同 4.1.3.1 节。岩石和煤体采用应变软化本构模型,交界面的本构模型采用 Interface 单元模型,交界面不同黏结状态下的参数设置如表 4-2 所列。

表 4-2　交界面不同黏结状态下的参数设置

接触状态	法向刚度/(GPa/m)	切向刚度/(GPa/m)	黏聚力/MPa	内摩擦角/(°)
强接触	100	100	100	40
弱接触	10	10	1	40

　　其中交界面的刚度参数取值可按照下式计算:

$$k_{\mathrm{n}} = k_{\mathrm{s}} = 10 \max \left\{ \frac{E(1-\nu)}{(1-2\nu)(1+\nu)} \cdot \frac{1}{\Delta n_{\min}} \right\} \tag{4-11}$$

式中,E,ν 为"最硬"介质的弹性模量和泊松比;$\Delta n_{\min}$ 为交界面法线方向上连接区域的最小单元尺寸,即单元划分越密,垂直于交界面的最小单元尺寸越小,交界面的计算刚度将会增大。

　　以下将不考虑交界面的一体两介质模型记为 R-M 模型,考虑交界面的两体两介质模型记为 R-C-M 模型,如图 4-10 所示。其中 R 表示岩石,M 表示煤体,C 表示交界面。若交界面为高黏结强度,则记为 R-C^{s}-M;若黏结强度较低,则记为 R-C^{w}-M。

　　图 4-11 为煤-岩组合体不同力学模型得到的应力-应变曲线。可见,R-C^{s}-M 模型和 R-M 模型的应力-应变曲线具有相同的峰值,应力随应变的变化趋势略有差异;R-C^{s}-M 模型的峰前刚度略小于 R-M 模型的峰前刚度,峰后应力跌落段的降模量略高于 R-M 模型,但差别不大;而 R-C^{w}-M 模型的峰值强度较 R-M 模型和 R-C^{s}-M 模型均有所降低,而且峰值点明显后移,产生在更大的应变处;R-C^{w}-M 模型在单轴压缩下产生的应变明显高于前两种模型,而且初始阶段和峰后阶段应力波动较大。从以上分析来看,具有交界面的力学模型峰后应力跌

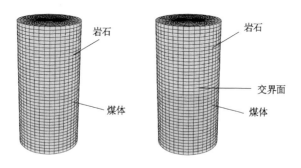

图 4-10　一体两介质模型和两体两介质模型

落速度要高于无交界面模型,而且交界面强度越弱,跌落越剧烈。峰后应力跌落实际上包含了模型的非稳定破坏信息,关于该内容将在后面章节中讨论。

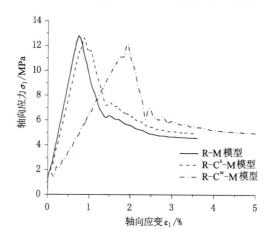

图 4-11　煤-岩组合体不同力学模型得到的应力-应变曲线

　　图 4-12 为煤-岩组合体不同力学模型下的剪切破坏带。R-M 模型由于布置在同一网格系统下,不考虑交界面影响,表现出整体塑性剪切破坏的特点,单轴压缩下产生两条不对称的共轭剪切带,其中一条为主剪切带,另一条剪切带较主剪切带长度要短;R-C^s-M 模型单轴压缩下从煤体中部开始出现两条对称的剪切带,由于交界面黏结强度较高,两条剪切带跨越界面延伸到岩石中,表现出连续破坏的特点,但与 R-M 模型不同,其剪切带长度要短,岩石的破坏范围要小;R-C^w-M 模型单轴压缩下从交界面附近煤体中部开始也出现两条对称的剪切带延伸到煤体的中部,由于交界面黏结强度较低,剪切带无法跨越交界面而贯穿到岩石中,从第 3 章交界面附近微元强度分析来看,该处岩石的强度会被削弱,因

此该区域岩石部分产生剪切破坏。从以上分析来看,虽然 R-C^s-M 模型下组合体表现出连续破坏的特点,但是其破坏形式和区域与 R-M 模型却有较大差别。考虑交界面影响时,不同的交界面强度也会影响组合体的破坏特征。实际巷道围岩是由不同岩性的岩石组成,因此在分析其整体稳定性时必须考虑其结构效应及不同介质交界面的接触行为,在数值计算时不能简单地将其作为一个整体划分为网格的问题处理。

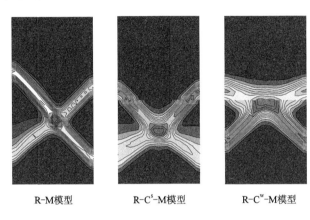

R-M模型　　　　　R-C^s-M模型　　　　　R-C^w-M模型

图 4-12　煤-岩组合体不同力学模型下的剪切破坏带

4.2　煤-岩组合模型破坏的刚度效应

4.2.1　不同刚度强-弱介质共同作用系统的灾变启动模型

岩爆、冲击地压等岩体灾变是彼此相互作用的若干地质体组成的力学系统非稳定变形破坏的结果。由于地质体岩性差异,存在薄弱环节,在某些应力或扰动条件下,薄弱岩体介质首先破坏从而引起周围介质的能量释放,加剧了薄弱岩体的破坏。即使在弱胶结软岩地层,巷道开挖后,也会出现软弱围岩或煤体的低强度冲击破坏,经常发出"嘶嘶"的爆裂声。这种破坏是由强度和刚度不同的应变软化材料相互作用产生的。由库克(Cook)刚度判据可知,薄弱介质的非稳定破坏启动于峰后应力降阶段,因此岩体具有应变软化特性是产生突发性灾变破坏的基本条件。

图 4-13 为强体-弱体共同作用系统。强体和弱体均具有应变软化特性,假设强体和弱体峰前刚度分别为 K_s 和 K_w。在轴向压力 F_t 作用下,强体产生位移 η_s,弱体产生的位移为 η_w,系统产生的总位移为 η_t,显然有:

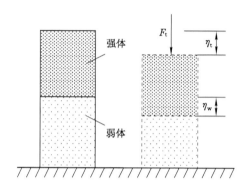

图 4-13　强体-弱体共同作用系统

$$\eta_t = \eta_s + \eta_w \tag{4-12}$$

图 4-14 为强体-弱体两介质共同作用系统加载模型。利用文献[22]的结果，两介质载荷-位移关系可表示为：

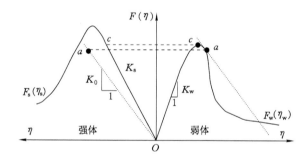

图 4-14　强体-弱体两介质共同作用系统加载模型

$$\begin{cases} F_s = K_s \eta_s & \eta_s < \eta_{sp} \\ F_s = K_s \eta_s \exp\left[-\left(\dfrac{\eta_s}{\eta_{sc}}\right)^m\right] & \eta_s \geqslant \eta_{sp} \\ F_w = K_w \eta_w & \eta_w < \eta_{wp} \\ F_w = K_w \eta_w \exp\left[-\left(\dfrac{\eta_w}{\eta_{wc}}\right)^n\right] & \eta_w > \eta_{wp} \end{cases} \tag{4-13}$$

式中，F_s 和 F_w 分别为强体和弱体受到的轴向载荷；η_{sc} 和 η_{wc} 分别表示两体加载到峰值载荷时产生的轴向位移，与两体的峰值强度有关；η_{sp} 和 η_{wp} 分别表示两体加载到屈服点的位移；m 和 n 为拟合参数。在准静态加载过程中，由于两介质处于一个共同作用的平衡状态，弱体产生灾变破坏之前，应有：

$$F_t(\eta_t) = F_s(\eta_s) = F_w(\eta_w) \tag{4-14}$$

当弱体加载到峰值点 c 之前,若忽略较短暂的屈服阶段,两介质均为弹性变形,无破坏产生,两介质共同作用系统处于聚能状态,即由于弹性变形积蓄弹性能。

当弱体加载到峰值点 c 后,由于弱体内部微裂隙扩展,导致内部损伤发展,若加载到峰后任一点 a,则弱体由于损伤消耗的能量为:

$$\Delta U_{wd} = \int_{\eta_{wc}}^{\eta_{wa}} F_w(\eta_w) \, d\eta_w \tag{4-15}$$

这个过程中弱体自身也要释放弹性能,其值为:

$$\Delta U_{we} = \frac{1}{2} \frac{F_w^2(\eta_{wa})}{K_{wa}} - \frac{1}{2} \frac{F_w^2(\eta_{wc})}{K_w} \tag{4-16}$$

式中,K_{wa},η_{wa} 分别为弱体加载到峰后 a 点对应的刚度和位移。

由第 2 章结论可知,弱胶结软岩峰后应变软化阶段存在刚度劣化,因此 $K_{wa} < K_w$。

该过程中强体仍处于弹性阶段,将沿初始弹性加载直线卸载到 a 点,释放的弹性能为:

$$\Delta U_{sc} = \frac{1}{2} \frac{F_s^2(\eta_{sa})}{K_s} - \frac{1}{2} \frac{F_s^2(\eta_{sc})}{K_s} \tag{4-17}$$

外力功为:

$$\Delta W = \int_{\eta_{tc}}^{\eta_{ta}} F_t \, d\eta_t \tag{4-18}$$

根据能量守恒原理得:

$$\Delta U_{sc} + \Delta U_{we} + \Delta U_{wd} - \Delta W = 0 \tag{4-19}$$

将式(4-15)～式(4-18)代入式(4-19)得:

$$\frac{1}{2} \frac{F_s^2(\eta_{sa})}{K_s} - \frac{1}{2} \frac{F_s^2(\eta_{sc})}{K_s} + \frac{1}{2} \frac{F_w^2(\eta_{wa})}{K_{wa}} - \frac{1}{2} \frac{F_w^2(\eta_{wc})}{K_w} +$$

$$\int_{\eta_{wc}}^{\eta_{wa}} F_w(\eta_w) \, d\eta_w - \int_{\eta_{tc}}^{\eta_{ta}} F_t \, d\eta_t = 0 \tag{4-20}$$

由于灾变破坏产生在弱体中,因此将其位移 η_w 视为系统的状态变量,这样在峰后加载过程中载荷和强体位移应是 η_w 的函数。将式(4-20)两边对 η_w 取变分得到:

$$\frac{F_s(\eta_{sa})}{K_s} \frac{\delta F_s(\eta_{sa})}{\delta \eta_w} - \frac{F_s(\eta_{sc})}{K_s} \frac{\delta F_s(\eta_{sc})}{\delta \eta_w} + \frac{F_w(\eta_{wa})}{K_{wa}} \frac{\delta F_w(\eta_{wa})}{\delta \eta_w} -$$

$$\frac{F_w(\eta_{wc})}{K_w} \frac{\delta F_w(\eta_{wc})}{\delta \eta_w} + F_w(\eta_w) \frac{\delta \eta_w}{\delta \eta_w} - F_t(\eta_t) \frac{\delta \eta_t}{\delta \eta_w} = 0 \tag{4-21}$$

整理式(4-21)得:

$$F_{\mathrm{w}}(\eta_{\mathrm{w}})\left[\left(\frac{1}{K_{\mathrm{s}}}+\frac{1}{K_{\mathrm{wa}}}\right)F'_{\mathrm{w}}(\eta_{\mathrm{w}})+1\right]=F_{\mathrm{t}}(\eta_{\mathrm{t}})\frac{\delta\eta_{\mathrm{t}}}{\delta\eta_{\mathrm{w}}} \tag{4-22}$$

令 $J_0=F_{\mathrm{t}}(\eta_{\mathrm{t}})\dfrac{\delta\eta_{\mathrm{t}}}{\delta\eta_{\mathrm{w}}}=\dfrac{\delta W}{\delta\eta_{\mathrm{w}}}$，其物理含义是使弱体产生单位变形 $\delta\eta_{\mathrm{w}}$，需要从外界输入的能量，称为能量输入率。式(4-22)变为：

$$J_0=F_{\mathrm{w}}(\eta_{\mathrm{w}})\left[\left(\frac{1}{K_{\mathrm{s}}}+\frac{1}{K_{\mathrm{wa}}}\right)F'_{\mathrm{w}}(\eta_{\mathrm{w}})+1\right] \tag{4-23}$$

式中，$F'_{\mathrm{w}}(\eta_{\mathrm{w}})$ 为弱体介质在峰后应变软化阶段的切线刚度。显然，在应变软化阶段，J_0 应是变量。若 $J_0\to 0$，表明不需要外界输入能量，仅靠两体共同作用系统中强体的弹性能释放和弱体自身的弹性能释放，弱体变形也会增大，说明系统失去了稳定平衡，向灾变破裂发展。此时，有以下关系：

$$F'_{\mathrm{w}}(\eta_{\mathrm{w}})+\frac{1}{\left(\dfrac{1}{K_{\mathrm{s}}}+\dfrac{1}{K_{\mathrm{wa}}}\right)}=0 \tag{4-24}$$

此即为强体-弱体两介质共同作用系统的刚度失稳准则，而 Cook 提出的岩石失稳的刚度判据为：

$$f'(u_{\mathrm{j}})+k_{\mathrm{m}}=0 \tag{4-25}$$

式中：k_{m} 为试验机的刚度；j 为岩石失稳破裂的起始点；$f'(u_{\mathrm{j}})$ 为岩石在软化段 j 点处的切线斜率。

对比式(4-24)和式(4-25)，令：

$$\frac{1}{K_0}=\left(\frac{1}{K_{\mathrm{s}}}+\frac{1}{K_{\mathrm{wa}}}\right) \tag{4-26}$$

则式(4-24)改写为：

$$F'_{\mathrm{w}}(\eta_{\mathrm{w}})+K_0=0 \tag{4-27}$$

式(4-27)与 Cook 刚度判据具有相同的形式，但是本书模型中考虑了弱体在破裂过程中的弹性能释放，因此共同作用系统的等效刚度 K_0 既包含了强体的刚度，又包含了弱体软化段的劣化刚度，可等效为试验机加载系统的加载刚度。由于 K_0 满足 $K_0<K_{\mathrm{s}}$ 且 $K_0<K_{\mathrm{wa}}$，因此弱体产生非稳定性破坏的灾变点比 Cook 提出的刚度判据要提前。一次突发性动力失稳前后系统只有两个状态，即失稳前兆阶段的不稳定平衡状态和失稳后又重新达到新的稳定平衡状态。对于应变软化较明显的软岩体，由于其峰后软化特性的复杂性，可能会多次出现灾变点，从而处在稳定变形和非稳定变形不断交替变化的变形过程中，如图 4-15 所示。

给定一加载力增量 $\Delta F_{\mathrm{t}}(\eta_{\mathrm{s}})$，则强体、弱体介质分别产生的位移增量为：

$$\Delta\eta_{\mathrm{s}}=\frac{\Delta F_{\mathrm{s}}(\eta_{\mathrm{s}})}{F'_{\mathrm{s}}(\eta_{\mathrm{s}})},\ \Delta\eta_{\mathrm{w}}=\frac{\Delta F_{\mathrm{w}}(\eta_{\mathrm{w}})}{F'_{\mathrm{w}}(\eta_{\mathrm{w}})} \tag{4-28}$$

两介质的总位移增量为：

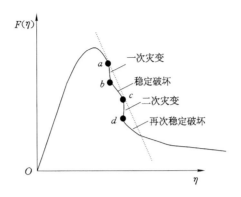

图 4-15　岩体峰后多次灾变破坏示意图

$$\Delta \eta_t = \Delta \eta_s + \Delta \eta_w \tag{4-29}$$

由于 $\Delta F_s(\eta_s) = \Delta F_w(\eta_w) = \Delta F_t(\eta_s)$，联立式(4-28)和式(4-29)得：

$$\begin{cases} F'_w(\eta_w)\Delta \eta_w = F'_s(\eta_s)(\Delta \eta_t - \Delta \eta_w) \\ F'_w(\eta_w)(\Delta \eta_t - \Delta \eta_s) = F'_s(\eta_s)\Delta \eta_s \end{cases} \tag{4-30}$$

整理式(4-30)并对时间取极限得到两介质的变形速率为：

$$\begin{cases} \dot{\eta}_s = \dfrac{F'_w(\eta_w)}{F'_w(\eta_w) + F'_s(\eta_s)}\dot{\eta}_t \\ \dot{\eta}_w = \dfrac{F'_s(\eta_s)}{F'_w(\eta_w) + F'_s(\eta_s)}\dot{\eta}_t \end{cases} \tag{4-31}$$

式中，$\dot{\eta}_t$ 为两介质共同作用系统的加载速率，可视为常量。$F'_s(\eta_s)$ 为强体加载曲线的切线斜率，根据以上分析，应用 K_0 代替，为此，式(4-31)整理为：

$$\begin{cases} \dot{\eta}_s = \dfrac{1}{1 + \dfrac{K_0}{F'_w(\eta_w)}}\dot{\eta}_t \\ \dot{\eta}_w = \dfrac{1}{\dfrac{F'_w(\eta_w)}{K_0} + 1}\dot{\eta}_t \end{cases} \tag{4-32}$$

根据弱体产生失稳破坏的刚度准则[式(4-27)]，当 $F'_w(\eta_w) \rightarrow -K_0$ 时，$\dot{\eta}_s \rightarrow \infty$，$\dot{\eta}_w \rightarrow \infty$，而且两者越接近，模型破坏越剧烈。因此，可将两体的变形速率突变作为介质产生灾变的启动信息。

4.2.2　不同刚度比下煤-岩组合体的应力演化规律与破坏前兆信息

以下分析计算中岩石和煤体的基本力学参数取值同表 4-1，交界面的参数设置为：$k_n = k_s = 50$ GPa/m，黏聚力 $C_c = 2.5$ MPa，内摩擦角 $\varphi_c = 40°$。设岩石

和煤体的刚度比 $\alpha = E_r/E_m$，其中 E_r 和 E_m 分别为岩石和煤体的弹性模量。保持其他基本参数不变，通过变化岩石的弹性模量，可得到煤-岩组合体破坏特征随两体刚度比的变化关系。

图 4-16 为煤、岩组合体的变形过程与应力演化的对应关系。从组合体应力演化规律来看：$\alpha = 1$ 时有明显的应力跌落，显示出破坏的突发性和非稳定性，这是因为煤体达到峰值强度时，弹性体尚未到达峰值点，仍处于弹性阶段，类似于试验机加载系统，岩石由于刚度不足，以致在煤体峰值后区其弹性能突然释放，造成对煤体的冲击；随着 α 的增加，模型的峰前刚度增强，应力曲线峰后降模量减小，曲线变得更加平缓，呈现明显的应变软化行为。当 $\alpha > 1$ 时，应力曲线出现波动现象，而且 α 越大，波动次数越多，说明破坏过程局部化的渐进性和剧烈程度。

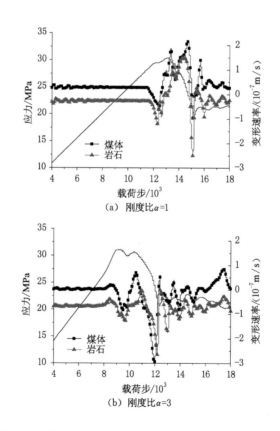

图 4-16　煤、岩组合体的变形过程与应力演化的对应关系

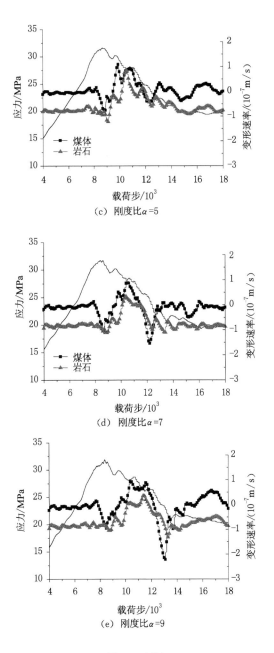

(c) 刚度比α=5

(d) 刚度比α=7

(e) 刚度比α=9

图 4-16（续）

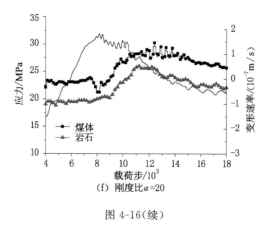

(f) 刚度比$\alpha=20$

图 4-16(续)

　　监测点布置在靠近交界面的两体中部单元节点上。由于交界面的影响,两体变形速率出现了明显的不一致,在峰后应变软化阶段出现了明显的大幅度波动。随着α增大,岩石和煤体的变形速率存在以下两个典型特征:

　　第一个特征是在峰值点附近变形速率均出现负向突跳。当$\alpha=1$时,突跳时机在峰值点之前,而当$\alpha>1$时突跳时机在峰值点之后,此后在软化阶段剧烈波动,在残余阶段变形速率又变得稳定。岩石的变形速率出现突跳说明其变形具有向煤体回弹现象,由于突跳点在峰值点之前,只有弹性变形,因此为弹性变形回跳,也就是向煤体突然释放弹性变形能的过程。煤体变形速率突跳说明在煤体中产生了微破裂,造成变形不稳定。实际上在残余阶段附近还存在另一个变形速率突跳点。由以上分析看,煤-岩组合体的破坏过程与两体的变形速率具有很好的对应关系,两体的突跳点具有"等时双降"特点,该突跳点由于受两体的刚度匹配影响,其位置会发生变化。利用变形速率突跳特点可以捕捉煤-岩组合体的破坏启动信息,变形速率的第一个突跳点即为模型主破裂的启动点,可视为模型破坏启动的前兆信息;第二个突跳点即为主破裂贯通时机点。两个突跳点的变形速率突跳量在整个破坏波动段均很大,因此具有可识别性,第二个突跳点的突跳量明显大于第一个突跳点的突跳量。对于岩石破裂,失稳的直接表现是它的变形速率达到了极值。

　　第二个特征是大刚度岩石两个突跳点的变形速率突跳量逐渐减小。当$\alpha=20$时,岩石的两个突跳点被抹平,岩石对煤体没有冲击效应,煤-岩组合体呈稳定破坏,但此时煤体仍存在第一个突跳点,说明组合模型受压时,破坏首先出现在煤体中。从现有结果来看:当$\alpha\leqslant9$时,煤体第二个突跳点随刚度变化无明显规律可循,这是由组合模型的变形局部化启动于煤体中,而局部化产生的剪切带随刚度变化的复杂性造成的;但是当$\alpha=20$时,煤体的第二个突跳点也被抹平,说明组合模型产生了整体塑性变形,不存在主破裂带的问题。

图 4-17 为煤-岩组合体破坏形态随两体刚度比 α 的变化关系。当 $\alpha = 1$ 时,由于两体强度相当,产生单一贯穿交界面的剪切带;当 $\alpha = 7$ 时,以交界面为交叉点,产生两条共轭剪切带;当 $\alpha = 20$ 时,煤体中未产生明显的剪切带,呈整体塑性变形特点,岩石中的交界面附近区域也产生了整体压缩塑性变形,并且以交界面中部为启动点,产生了两条粗细不同的剪切带。

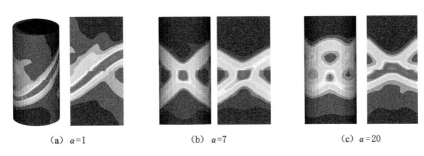

(a) $\alpha=1$　　　　　(b) $\alpha=7$　　　　　(c) $\alpha=20$

图 4-17　煤-岩组合体的破坏形态随两体刚度比 α 的变化关系

从以上分析来看,岩、煤体的刚度匹配关系不同,会诱发其组合体模型产生不同的破坏特征;当两体刚度相近时,出现峰后应力跌落现象,组合模型中产生非稳定破坏;当两体刚度比较大时,呈现明显的应变软化行为,为渐进式稳定破坏;在高刚度比下,组合模型产生整体塑性变形。在西部矿区弱胶结软岩地层中,由于软岩体与煤体刚度相近,极易诱发岩体或煤体的非稳定突发性破坏,这种破坏虽无法达到硬岩地层围岩的高强度岩爆那样的烈度,但对于软岩巷道的稳定性会产生重大影响。从以上结果看,虽然表征破坏信息的两个突跳点随两体的弹性模量发生变化,但是仍然具有易测性和易识别的特点,在工程现场可以通过监测巷道煤体或顶板位移来预测非稳定性突发破坏。

4.3　煤-岩组合模型破坏的强度相关性

根据第 3 章对煤-岩组合体宏观强度和交界面附近区域应力状态的微观分析可知,煤-岩组合模型的强度特征与两种介质的强度参数和弹性常数均有关。从 4.1 节分析可知,当煤-岩交界面黏结强度较高时,弱体产生的破坏能够跨越交界面贯通到强体中,表现为交界面附近横向变形的协同发展,视为一体两介质模型;但当交界面附近的横向切应力突破交界面的黏结强度时,交界面上、下的煤-岩体变形将不再协调转化为两体两介质模型。两种力学分析模型与介质参数密切相关,本节将讨论煤、岩两体取不同强度参数时对两种力学模型破坏特征的影响。

4.3.1 岩、煤不同强度比对组合体应力-应变曲线的影响

设岩石和煤体的强度比 $\beta = C_r / C_m$，其中 C_r 和 C_m 分别为岩石和煤体的黏聚力。保持基本参数不变，通过变化 C_r 可得到岩、煤两体强度比改变时，组合体的力学响应特征。

图 4-18 为不同强度比 β 下组合体的应力-应变曲线。从结果来看：两体强度匹配在一定范围内可以提高组合体整体的峰值强度，如 $\beta = 3$；但当 $\beta = 5, 7, 9$ 时，组合体的峰值强度不增反降，甚至低于 $\beta = 1$ 时的峰值强度。从变形过程来看：当 $\beta = 1$ 时，峰前为线弹性变形，峰后表现出应变软化特性；当 $\beta = 3$ 时，峰前出现应力波动段，有非线性变形，峰后出现较为稳定的应变软化行为；当 $\beta = 5, 7, 9$ 时，三种取值得到的应力-应变曲线完全重合，说明只增加岩石强度无法提高组合体的整体强度。其变形特点是没有明显的峰值点，在峰值段呈现理想的塑性变形特性，随后应力产生突降，出现较大幅度的跌落。β 取值不同时，应力-应变曲线的峰前直线阶段完全重合。

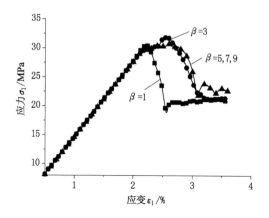

图 4-18　不同强度比 β 下组合体的应力-应变曲线

4.3.2 岩、煤不同强度比下组合体的失稳破坏及应力演化

图 4-19 为不同强度比 β 下组合体的应力演化规律与变形速率。强度比改变时，同样能够捕捉到变形速率的突跳点，但突跳点呈现完全不同的变化特点。

当 $\beta = 1$ 时，两体的变形速率均产生负向突跳，但突跳量并不大，说明组合体产生的是渐进式稳定性破坏，第一个突跳点基本在峰值点，说明破坏启动于峰值点；在残余点附近，由于破裂带贯通，岩石变形速率产生反向突跳，煤体变形速

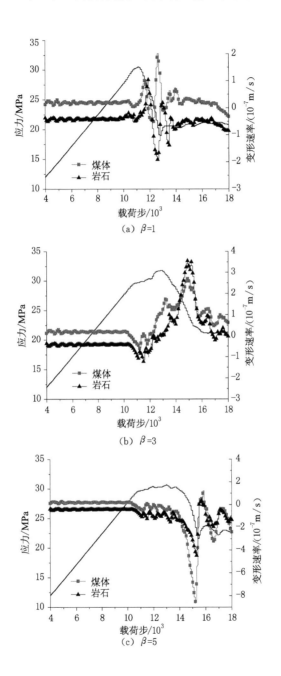

图 4-19　不同强度比 β 下组合体的应力演化规律与变形速率

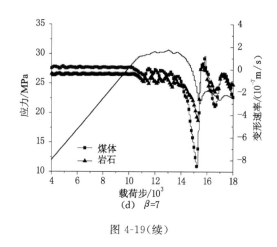

图 4-19(续)

率产生正向突跳。

当 $\beta = 3$ 时,变形速率的第一个突跳点出现在峰值前,说明模型破坏启动于峰值前,而且突跳量明显大于 $\beta = 1$ 的情况,说明岩石产生了较大的弹性回弹,即向煤体释放弹性变形能,会加剧煤体的破坏;在第二个突跳点,两体的变形速率产生了同步正向突跳。

当 $\beta = 5$ 和 $\beta = 7$ 时,变形速率的演化规律完全相同。两体变形速率的第一个突跳点在峰值前,但是并不明显,在经历一段稳定的小幅度波动之后,突然出现一次剧烈的负向突跳。结合应力-应变曲线结果,小幅度波动段的起点即为破坏启动点,组合模型中强度较小的介质(此处为煤体)开始产生较平稳的整体塑性变形,当变形增大到一定值时,岩石中由于弹性变形产生的应变能向煤体突然释放,产生高强度的弹性回弹,促使煤体产生破裂,因此第二个剧烈变化的突跳点是煤体产生非稳定突发破裂的时机点。

图 4-20 为不同强度比 β 下组合体的最终破坏形态,可进一步说明上述变形速率与应力演化的对应关系。当 $\beta = 1$ 时,组合体产生整体剪切破坏,此时可视为一体两介质的力学模型;当 $\beta = 3$ 时,剪切带变得不明显,两体交界面区域产生大面积塑性变形,煤体中还出现了另外一条不明显的剪切带;当 $\beta = 5$ 和 $\beta = 7$ 时,由于两体强度存在较大差异,破坏首先发生在煤体中,岩石中由于变形积聚的应变能在煤体破坏的过程中突然释放,造成煤体破裂,此时,组合体呈现明显的两体两介质特点,破坏带没有跨越交界面而贯通到岩石中,表现出非稳定破坏特点。

从以上分析可以看出,岩石和煤体的强度差异导致组合体产生了不同的破坏状态。当两体强度比相近,即当 $\beta = 1$ 时,组合体呈现出一体两介质力学模型

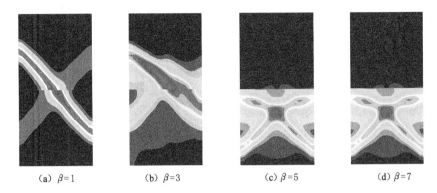

(a) $\beta=1$　　　(b) $\beta=3$　　　(c) $\beta=5$　　　(d) $\beta=7$

图 4-20　不同强度比 β 下组合体的最终破坏形态

的特点,此时岩石只有小幅度的弹性回弹,模型表现为整体塑性剪切破坏;随着两体强度差异的增大,即当 $\beta=3$ 时,强体(岩石)在破坏启动点的弹性回弹幅度增大,模型的塑性变形开始逐渐向弱体(煤体)集中,加剧弱体的破坏;当 $\beta=5$ 和 $\beta=7$ 时,模型在弱体中产生塑性应变局部化,强体表现为弹性体性质,不发生塑性变形,此时类似于试验机刚性加载,在破坏的启动点,岩石会突然释放大量应变能,使煤体产生突发的非稳定破坏。可见,两体的强度差异也会造成失稳破坏,这与传统的由于加载系统刚度不足造成失稳的观点是不相符的。实际上两者并不矛盾,刚度理论是从非线性动力学角度,从能量的非稳定平衡状态出发研究失稳问题,认为能量的非稳定平衡状态是发生冲击破坏的能量条件;而组合体中不同介质的强度差异会直接造成两者的应力特征差异,正是应变状态的差异导致了冲击失稳的发生。

　　在工程现场,对顶板-煤体系统,通常将顶板进行注水软化处理以降低顶板对煤体的冲击性。实际上,这种方法既可以降低顶板的刚度,又可以使其强度水平弱化。从以上分析结果看,若能将顶板的强度降低到与煤体相当的水平,将会有效降低顶板的冲击性。对于弱胶结软岩地层围岩,由于其强度低、易风化等特点,在某些地层其强度甚至要低于煤体,如果这种差异很大,煤体实际上会对软岩体产生冲击破坏。

4.4　不同界面效应下煤-岩组合体的破坏演化过程分析

　　当前,对于煤、岩体的破坏特征多采用室内试验进行分析,而对于组合煤-岩体的破坏演化方面的试验还鲜有报道。一方面,极少数的试验只是简单地将煤、岩单体用强力黏结剂黏结在一起作为组合体模型,与现场实际情况差别较大,因此煤-岩组合体破坏研究在实验室实现上还有很大的局限性;另一方面,对于弱胶结软岩体,现场单体取样比较困难,要采集煤-岩组合体样本更加困难,试验成本很高,而且成功率很低。相比而言,采用数值计算方法将更加有效。采用数值模拟方法可以不受地域和试验条件的限制,可灵活地改变模型参数及分析模型,全方位地对煤-岩组合体的破坏演化过程进行分析。本节将采用数值计算方法,通过设置不同的模型参数,对一体两介质和两体两介质力学模型的应力演化、变形速率变化规律、破坏过程以及位移演化规律等进行全方位的分析,从而掌握此类组合体模型的破坏规律,找出其破坏的前兆信息,为进一步分析实际工况下弱胶结软岩巷道围岩和煤体的低强度冲击破坏提供参考。

4.4.1　计算模型

计算模型采用三维标准圆柱体,直径为 50 mm,高度为 100 mm。单元均匀划分,径向划分为 20 个单元,轴向划分为 40 个单元,采用位移加载方式,加载速率为 1×10^{-7} m/s,两种模型均施加围压 2 MPa。采用 Fish 语言编制程序提取剪切应变率和应力、应变值。模型加载时,加载面只允许有轴向的位移,限制其他方向的位移。

利用 4.1 节中对不同力学模型的分析结果,对一体两介质模型和两体两介质模型的参数进行设置,如表 4-3 所列,其中软岩、煤体的物理力学参数同表 4-1,本构模型符合莫尔-库仑塑性屈服与拉伸破坏的联合破坏准则,考虑峰后应变软化行为,黏聚力和内摩擦角的弱化规律同 4.1 节中设置。交界面本构模型采用莫尔-库仑理想弹塑性模型。模型加载次序为:先在模型外圆周表面施加 2 MPa 围压,再在上、下端部施加方向相反的变形速率,以模拟等围压三轴压缩试验。

表 4-3　交界面不同黏结状态下的参数设置

模型	法向刚度/(GPa/m)	切向刚度/(GPa/m)	黏聚力/MPa	内摩擦角/(°)
R-C^s-M	50	50	2	40
R-C^w-M	10	10	1	40

FLAC^{3D} 静力分析实质上也是求解运动方程,只是采用了特定的阻尼方式以达到快速收敛的目的,所以严格来讲,属于准静态分析。因此当加载速度增大时,会产生明显的惯性效应,可采用伺服控制的位移加载方式,根据最大不平衡力的取值范围,对加载速率不断进行调整,这个过程会造成加载初期和峰值点附近的应力波动。为全面监测两种力学模型在三轴压缩下的破坏演化特征,如

图 4-21 所示,在交界面均匀布置 16 个监测点用于监测交界面的轴向位移;在轴线方向布置等间隔 9 个监测点监测轴向变形速率;在边缘沿轴线方向等间隔布置 9 个测点监测组合体的径向位移。

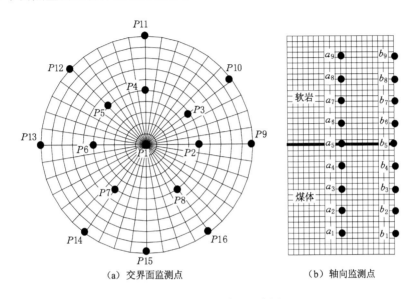

（a）交界面监测点　　　　　（b）轴向监测点

图 4-21　监测点位置示意图

4.4.2　全过程应力曲线与监测点变形速率演化

图 4-22 给出了两种力学模型的应力演化与变形速率变化规律。由于各监测点的变形速率在剧烈波动段的波动幅度随着其距交界面的距离增大而不断减小,因此图中只列出了煤体和岩石中靠近交界面的有代表性的四个监测点(a_4,a_5,a_6,a_7)的变形速率曲线。

两种模型的应变演化呈相同的变化规律,峰前弹性阶段之后均出现一次应力波动,这是由于数值计算过程中岩体产生的应变局部化导致变形不均匀产生的。峰后模型的承载力随着变形的增加逐渐降低,出现明显的应变软化行为。R-C^s-M 模型的峰值应力和残余强度分别为 21.8 MPa 和 14.1 MPa,R-C^w-M 模型的峰值应力和残余强度分别为 21.3 MPa 和 12.8 MPa,R-C^s-M 模型的三轴抗压强度略高于 R-C^w-M 模型的三轴抗压强度。此外,R-C^s-M 模型的峰值应力和残余应力点计算时步分别为 8 380 步和 11 700 步,而 R-C^s-M 模型的峰值应力和残余应力点计算时步分别为 16 600 步和 24 100 步,说明 R-C^s-M 模型的破坏演化更加复杂。

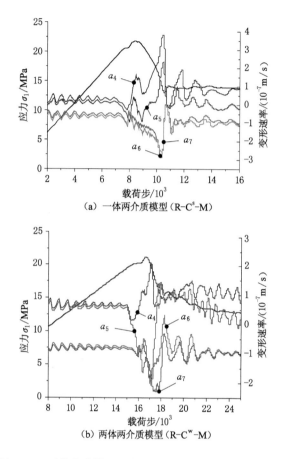

图 4-22　两种力学模型的应力演化与变形速率变化规律

　　两种模型变形从峰前应力波动阶段到峰后残余阶段,距离交界面较近的监测点(a_4,a_5,a_6,a_7)的变形速率产生了明显的波动和跳跃,说明靠近交界面区域附近两体的破坏最为剧烈。变形速率的这种异常波动说明了模型主破裂的临近。R-C^s-M 模型中,煤体中的监测点 a_4 和交界面的监测点 a_5 变形速率具有相同的变化趋势,从首次应力波动到残余强度共出现三次明显的速率波动。第一次和第二次均为负向波动,对应的加载时步分别为峰前和峰后应变软化阶段,这是由于在这两个加载点煤体开始产生破裂,而岩石尚处于弹性阶段,岩石向煤体释放应变能,产生弹性突跳。第三次变形速率波动为正向突跳,而且波动幅度要大于前两次,对应的加载时步在应变软化段结束位置,这是由应变软化后期,煤体产生的主破裂带贯通到岩石中造成的;由于模型整体产生了主破裂带,此时岩石的变形速率也产生了大幅度的负向突跳。R-C^w-M 模型中煤体中的监测点 a_4

和交界面的监测点 a_5 变形速率在初始弹性加载阶段基本相同,但在变形后期却呈现截然不同的变化规律。煤体中监测点 a_4 的首次速率波动出现在峰前应力波动点之前,在应力波动点的负向波动并不明显,而监测点 a_5 却出现一次明显的负向跳动,但加载到峰后应变软化阶段时,监测点 a_4 产生了一次大幅度的正向突跳,而监测点 a_5,a_6,a_7 产生了大幅度的负向波动,说明交界面附近区域岩石产生了剧烈破坏。从以上分析来看,虽然两种模型的应力演化具有相同的变化规律,但其破坏演化过程却截然不同。从两种模型靠近交界面附近区域以及交界面上监测点的变形速率变化形态,可找出模型破坏启动的前兆信息。

4.4.3　组合体内剪切破坏带的演化过程

为进一步分析两种模型的破坏演化特征,利用以上分析结果,在模型的整个加载过程布置典型的监测时步,展现两种模型破坏的全过程。

4.4.3.1　一体两介质模型(R-C^s-M)的破坏演化过程

根据图 4-22(a),在其应力曲线上布置 15 个监测点,分布在每个不同的变形阶段及变形速率突跳位置,如图 4-23 所示。其中,监测点 A,B 位于峰前弹性阶段,监测点 C 布置在峰前应力波动阶段的起点。利用 Fish 语言编程可提取煤-岩组合体的剪切应变增量等值线云图。

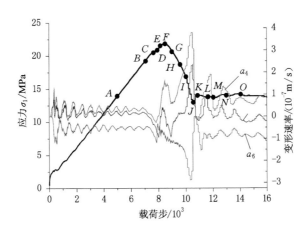

图 4-23　一体两介质模型(R-C^s-M)的加载监测时步分布

图 4-24 为煤-岩组合体轴对称面剪切破坏带的演化等值云图(R-C^s-M),据此可分析组合模型剪切带的发展演化过程。当加载到 5 000 步(监测点 A)时,对称面内剪切应变增量在岩石和煤体中分布比较均匀,但由于端面约束作用,在模型上、下端面煤体和岩体中产生一定程度的软化变形;当加载到 7 000

步(监测点 B)时,由于仍处在弹性变形阶段,两体中剪切应变分布仍然比较均匀,但有向煤体中部收缩的趋势,上端面软化程度减轻;当加载到 7 600 步(监测点 C)时,组合模型的剪切应变变得不均匀,煤体中部的剪切应变增量明显高于岩石中的剪切应变率,出现呈"V"形的剪切应变增量集中区,端部的软化效应减弱,该位置恰好处于应力峰前波动阶段的起点,也是两体变形速率发生第一次突跳的加载点;当加载到 7 900 步(监测点 D)时,煤体中部剪切应变集中区域增大;当达到 8 200 步(监测点 E)时,煤体中形成以交界面中部为顶点的倒"V"形剪切应变集中区。当加载到峰值点(8 400 步,监测点 F)时,煤体中形成两条明显的剪切带,剪切带内剪切应变率明显高于剪切带外,而且由于交界面约束作用,使得岩石靠近交界面区域也产生了部分软化,对比图 4-22(a),该时步煤体中和交界面的监测点变形速率产生正向突跳;当加载到 9 000 步(峰后监测点 G)时,剪切带穿越交界面至岩石中,并以交界面中部为中心发展成为"蝴蝶"形,此时端面效应在岩石上端部产生的软化区消失,由于煤体和岩石交界面部分区域的破坏,岩石产生了弹性回弹,煤体中监测点变形速率产生了负向突跳;继续加载到 9 600 步(监测点 H)时,两条剪切带呈非对称发展,起始于煤体右侧中部的剪切带有向岩石贯通的趋势,而另一条剪切带基本无变化;加载到 10 000 步(监测点 I)时,这种发展趋势更加明显;当加载到 10 600 步(监测点 J)时,主剪切带发展至岩石左侧中部,但是带内剪切应变率仍然主要集中在煤体和交界面附近岩体中,另一条剪切带开始变得不明显,该加载点恰好位于峰后应变软化阶段的最低点,煤体中监测点变形速率出现了较大幅度的正向突跳,而岩石由于产生破裂,变形速率出现了较大的负向突跳;从监测点 K 直到监测点 O,剪切应变集中在主剪切带内发展,另一条剪切带变得不明显,模型进入残余变形阶段。

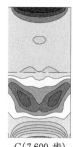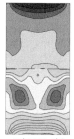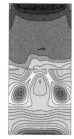

A(5 000 步) B(7 000 步) C(7 600 步) D(7 900 步) E(8 200 步)

图 4-24 煤-岩组合体轴对称面剪切破坏带的演化等值云图(R-C^s-M)

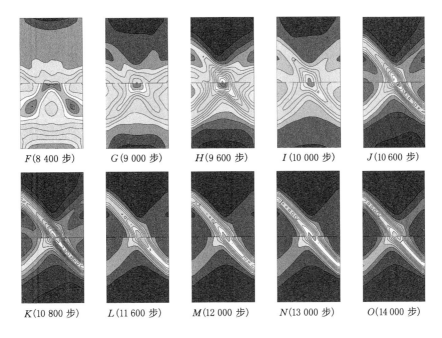

| F(8 400 步) | G(9 000 步) | H(9 600 步) | I(10 000 步) | J(10 600 步) |

| K(10 800 步) | L(11 600 步) | M(12 000 步) | N(13 000 步) | O(14 000 步) |

图 4-24(续)

组合模型中从煤体右侧中部到岩石左侧中部形成的剪切带在空间将构成模型的一条空间剪切带,即应变局部化区域,模型在三向压缩下最终将沿该剪切带产生塑性剪切破坏。从以上分析来看,剪切带的每个不同发展阶段之间的临界点与图 4-22(a)中变形速率突跳和应力波动是相对应的。

4.4.3.2　两体两介质模型(R-C^w-M)的破坏演化过程

根据图 4-22(b)中两体两介质力学模型的应力演化结果与变形速率波动特点,在其应力曲线上不同变形阶段共布置 15 个监测点(见图 4-25),对两体两介质模型的破坏带演化过程进行全程分析,如图 4-26 所示。

当加载到 12 000 步(监测点 A)时,煤、岩两体仍处于弹性阶段,因此剪切应变在两体中分布比较均匀,但是煤体中剪切应变增量明显大于岩石,由于两侧端部约束作用,两体也出现了软化现象;当加载到 15 000 步(监测点 B)时,剪切应变分布基本无变化,分布比较均匀;当加载到 15 600 步(监测点 C)时,即峰前应力波动起始点位置,煤体中部出现一条以中部为顶点的"V"形剪切带,煤体变形速率出现负向突跳,岩石中剪切应变分布仍比较均匀,端部约束作用减弱;当加载到 16 000 步(监测点 D)时,煤体中剪切带图案发生明显的变化,由原来的"V"形转化为以交界面中部为顶点的倒"V"形;当加载到 16 200 步(监测点 E)时,倒

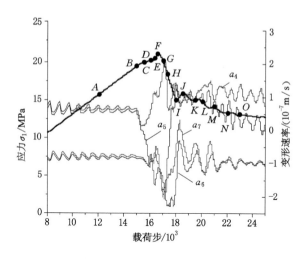

图 4-25　两体两介质模型(R-C^w-M)的加载监测时步分布

"V"形已初步成形,对比速率变化情况可以看出,由于交界面黏结强度较弱,在峰前应力波动阶段,交界面中部附近煤体的剪应变变化最剧烈,交界面监测点变形速率产生大幅度的负向突降;当加载到峰值点 F(16 600 步)时,从交界面中部发展的倒"V"形剪切带已经十分明显,端部约束作用已经消失;当加载到峰后17 000 步(监测点 G)时,由于交界面的黏结作用,交界面两侧岩石中出现两个局部剪切区域,煤体中的剪切带变细,说明应变局部化变形更严重;当继续分别加载到17 400 步(监测点 H)、18 000 步(监测点 I)、18 500 步(监测点 J)时,剪切带图案形状基本无变化,只是带内剪切应变增量进一步增大;当加载到 19 500步(监测点 K)时,交界面中部附近岩石中剪应变增量开始变大,此后,从监测点L (20 000 步)、M(21 000 步)、N(22 000 步)结果看,剪切带发展主要集中在交界面附近岩石中;当加载到 23 000 步(监测点 O)时,岩石中左右两侧的剪切带与中部剪切带实现贯通。

　　从以上两种模型的破坏全过程分析来看,R-C^s-M 模型由于交界面强度较高,其最终破坏形式是沿一条起始于煤体而贯通到岩石中的剪切带,因此发生整体剪切破坏;而 R-C^w-M 模型由于交界面强度较低,其破坏首先起始于交界面中部,然后在煤体中发展为两条呈倒"V"形的剪切带,由于交界面的低强度,该剪切带并不能跨越交界面贯通到岩石中,但由于交界面附近岩石受到黏结作用,改变其应力状态,使该处单元体强度降低,因此该区域岩石也形成了沿横截面贯通的剪切带。因此其破坏形式为煤体的"X"形局部剪切破坏和整体沿交界面附近区域的横向剪切破坏。

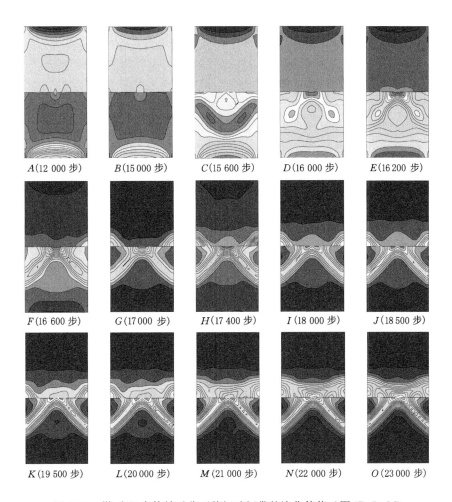

A(12 000 步)　　B(15 000 步)　　C(15 600 步)　　D(16 000 步)　　E(16 200 步)

F(16 600 步)　　G(17 000 步)　　H(17 400 步)　　I(18 000 步)　　J(18 500 步)

K(19 500 步)　　L(20 000 步)　　M(21 000 步)　　N(22 000 步)　　O(23 000 步)

图 4-26　煤-岩组合体轴对称面剪切破坏带的演化等值云图（R-C^w-M）

4.4.3.3　煤-岩组合体定点变形全过程位移演化

煤、岩交界面的加载方向位移变化可反映两体的破坏特征，包含模型破坏的前兆信息。通过监测图 4-21(a)中监测点在加载过程中的轴向位移，可提取不同加载阶段交界面监测点的位移变化规律。利用 MATLAB 三维曲面插值，可得到两种模型交界面在模型破坏过程中的位移演化规律。

图 4-27 为煤、岩交界面的轴向位移演化过程（R-C^s-M）。在弹性阶段，即7 900 步之前，从交界面轴心到交界面边缘，轴向位移变化量只有 0.008 mm，轴向位移分布比较均匀；当加载到 8 200 步时，模型进入峰前屈服阶段，从边缘到轴心位移呈逐渐减小趋势，这是由于交界面中部产生局部剪切带造成的，

但是交界面变形仍呈现对称变形;当加载至峰值点(8 400 步)时,由于模型中破坏单元的非均匀分布,交界面轴向位移已经变得非常不均匀,但仍然是对称的;当加载至峰后 9 000 步时,由于剪切带的进一步发展,轴向位移出现非均匀分布,说明模型产生非对称变形,某些单元的轴向位移出现了负向突跳,监测点的最大轴向位移差为 0.01 mm;此后交界面轴向位移均呈非对称分布,由于破裂带的进一步发展和贯通,交界面监测点的轴向位移差逐渐增大,如加载至 10 000 步时的位移差为 0.04 mm,加载至 10 600 步时的位移差为 0.08 mm,加载至 12 000 步时的位移差为 0.1 mm,而且监测点的负向突跳量也在逐渐增大。可见,监测点轴向位移的非对称分布和负向突跳也包含了模型破坏的启动和演化信息。

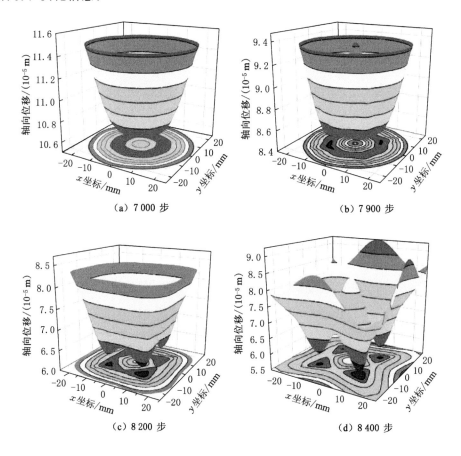

(a) 7 000 步　　　　　　　　(b) 7 900 步

(c) 8 200 步　　　　　　　　(d) 8 400 步

图 4-27　煤、岩交界面的轴向位移演化过程(R-C^s-M)

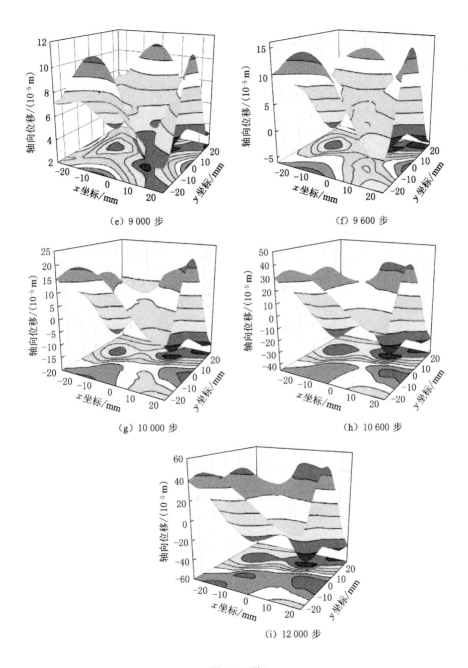

(e) 9 000 步　　　　　　　　　　　　　(f) 9 600 步

(g) 10 000 步　　　　　　　　　　　　(h) 10 600 步

(i) 12 000 步

图 4-27（续）

图 4-28 为煤、岩交界面的轴向位移演化过程（R-C^w-M）。当模型加载处于弹性阶段时，交界面轴向位移基本呈均匀分布，最大位移差只有 0.006 mm。与 R-C^s-M 模型相同，当加载到峰前应力波动阶段（16 000 步）时，模型的均匀程度降低；当加载到峰前屈服阶段（16 200 步）时，交界面位移分布也是从边缘向内部逐渐增大，但位移仍是对称分布；当加载到峰值点（16 600 步）时，交界面上监测点的位移差增大，由于剪切带的出现和发展导致交界面上各监测点的位移呈现明显的不均匀分布，而且随着加载时步的增加，破裂带的发展贯通，导致这种非均匀性越来越明显。

图 4-29 为煤-岩组合体监测点径向位移演化。两种模型在弹性阶段均产生沿坐标轴正向的位移，这是因为煤体变形大于岩石，整体表现为朝向岩石的位移。在峰前首次应力降之前，径向位移较平稳地缓慢增大，变形比较稳定，各测点位移未发生分离；当加载到峰前应力降阶段，交界面监测点和附近的岩石、煤体中监测点均产生了位移正向突跳，尤其以交界面和煤体中监测点突跳量最剧烈，从前述分析可知，该位置恰为煤体中出现明显剪切带的加载点，因此可作为模型破坏的前兆信息。R-C^w-M 模型的位移突跳量明显高于 R-C^s-M 模型的位移突跳量。此外，靠近端部的监测点 b_1，b_2，b_7，b_8，b_9 由于端面约束作用，加载过程中轴向位移始终比较小。

4.4.3.4　不同应力状态下煤-岩组合体的破坏形态

图 4-30 为煤-岩组合体的强度随围压的变化曲线。在相同围压下，R-C^s-M 模型的峰值强度均高于 R-C^w-M 模型的峰值强度，这是因为 R-C^s-M 模型交界面黏结强度较高，呈现煤、岩整体剪切破坏，而 R-C^w-M 模型的破坏主要发生在强度较弱的煤体中和岩石交界面附近区域，呈现局部破坏特征，其承载力主要由弱体承担。峰值强度差异随围压的增加逐渐增大。两种模型的残余强度在低围压下（≤4 MPa）基本相同，实际上 R-C^w-M 模型的残余强度要略高一些；随着围压的进一步增大，两种模型的残余强度差异增大，R-C^w-M 模型的残余强度要高于 R-C^s-M 模型的残余强度。整体来看，R-C^s-M 模型的峰后应力降（峰值应力与残余应力之差）要高于 R-C^s-M 模型的峰后应力降，说明 R-C^s-M 模型的破坏要更剧烈。

图 4-31(a) 为 R-C^s-M 模型的剪切破坏塑性区随围压的演化。单轴压缩下，出现两条不对称剪切带，一条为主剪切带，另一条不明显，剪切带从煤体右侧底部贯穿到岩体左侧底部，模型整体塑性区主要集中在两条剪切带；当围压增加到 2 MPa 时，模型中仍出现两条主次分明的剪切带，主剪切带从煤体左侧中部贯通到岩石右侧中部，另一条剪切带变得很不明显，空间剪切面较单轴压缩下贯通

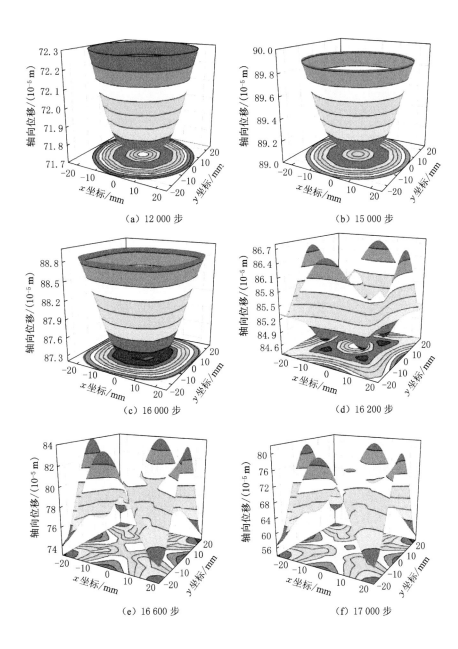

图 4-28　煤、岩交界面的轴向位移演化过程(R-C^w-M)

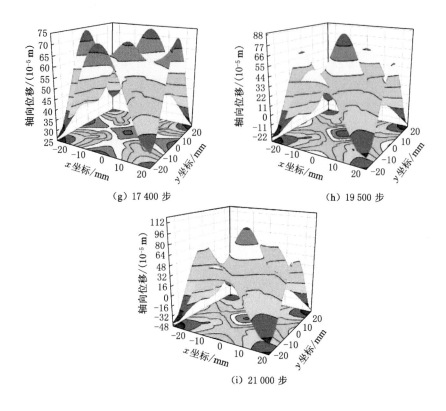

（g）17 400 步　　　　　　　　　　（h）19 500 步

（i）21 000 步

图 4-28（续）

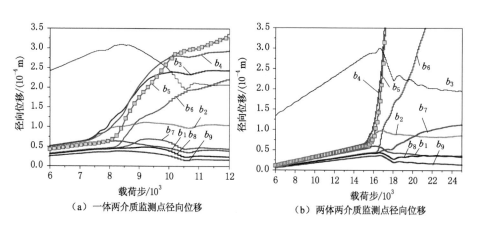

（a）一体两介质监测点径向位移　　　　（b）两体两介质监测点径向位移

图 4-29　煤-岩组合体监测点径向位移演化

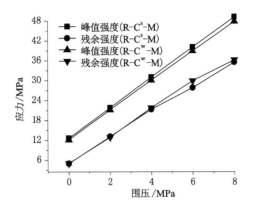

图 4-30　煤-岩组合体的强度随围压的变化曲线

的区域增大,说明煤-岩组合体的整体性增强,模型中塑性区进一步增大;当围压增加到 4 MPa 时,模型中只有一条剪切带,而且宽度进一步增大,从煤体左侧顶部贯通到岩石右侧底部,剪切带贯通区域减小,围压的增大提高了煤体和岩石的整体强度,因此模型产生沿交界面区域的剪切破坏;当围压增加到 6 MPa 时,剪切带贯通区域再次增大,从煤体右侧中部贯通到岩石左侧下方,剪切带显示出很好的连续性,说明煤-岩组合体呈现出明显的一体两介质特点,表现出沿剪切带的整体剪切破坏;当围压继续增加到 8 MPa 时,剪切带变得不明显,组合体中出现了大片的塑性区域,模型呈现局部剪切和整体塑性破坏。从演化过程来看,由于围压的增加提高了岩石和煤体的强度,尤其对煤体的作用更加明显,煤-岩组合体经历了整体沿局部剪切带剪切破坏—整体沿交界面区域剪切带剪切破坏—整体沿局部剪切带剪切破坏—整体塑性破坏和局部沿剪切带破坏的破坏过程。当围压小于 4 MPa 时,模型虽然也呈现整体破坏特点,但是剪切应变率在交界面附近仍出现不连续;但是当围压大于或等于 4 MPa 时,高围压使交界面的间隔作用弱化,模型的破坏主要依赖煤体和岩石的强度特性。

图 4-31(b)为 R-C^w-M 模型的剪切破坏塑性区随围压的演化。从不同围压下的破坏特征看,围压的增加并没有改变煤体中的剪切破坏带方位,煤体中的剪切带始终呈倒“V”形,起始于交界面中部分别延伸到煤体左、右两侧的中部,但其宽度随围压不断增大。随着围压的增加,交界面附近区域岩石中的剪切破坏塑性区逐渐增加。低围压下,交界面两侧的剪切带逐渐向中部扩展,在高围压(8 MPa)下连成一片,煤-岩组合体破坏表现为煤体的剪切破坏和交界面附近岩石的整体塑性破坏。与 R-C^s-M 模型不同,围压的增大并没有弱化交界面的“截断”效应,即使围压增加到 8 MPa,组合模型中的亚层也未呈现出整体破坏特点。

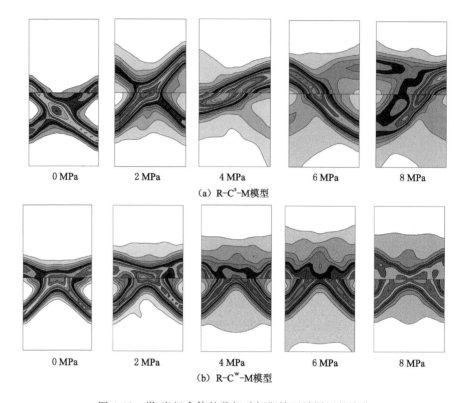

图 4-31 煤-岩组合体的剪切破坏塑性区随围压的演化

可见,地下工程围岩的破坏或矿山中顶、底板的破坏特征,应从整个组合围岩或顶板-煤体-底板整个承载系统来分析,其中每种介质的破坏除了与自身强度有关外,与周围其他介质的接触层面黏结状态以及所处的应力状态均有关系。

4.5 本章小结

本章针对煤-岩组合体的破坏特征及其破坏演化过程进行分析,主要内容如下:

(1)通过煤-岩组合体的单轴压缩数值模拟试验,分析了其在不同本构模型组合下的应力-应变曲线形态及破坏特征。结果表明,当煤、岩两体分别取应变软化模型时,组合体的峰后应力跌落最明显,破坏最剧烈。

(2)考虑煤、岩体的不同接触状态,分析了两体在无接触、强接触和弱接触三种情况下组合体的破坏形态。结果表明,无接触和强接触情况下,组合体表现出整体塑性剪切破坏特点,弱接触下组合体表现为弱体中的局部剪切破坏。依据破坏特征,建立了"一体两介质"和"两体两介质"力学模型。

（3）考虑弱体在破坏中的弹性能释放和自身刚度,建立了煤-岩共同作用系统产生非稳定破坏的能量演化规律和刚度判断准则;分析了不同模型下两体系统非稳定破坏刚度和强度相关性、破坏演化过程以及应力状态影响,找到了两体破坏前兆信息及其发展规律。

本章参考文献

[1] 谢和平,陈忠辉,易成,等.基于工程体-地质体相互作用的接触面变形破坏研究[J].岩石力学与工程学报,2008,27(9):1767-1780.

[2] 谢和平,陈忠辉,周宏伟.基于工程体与地质体相互作用的两体力学模型初探[J].岩石力学与工程学报,2005,24(9):1457-1464.

[3] 易成,张亮,陈忠辉,等.轴向受压两体力学模型相互作用的试验研究[J].岩土力学,2006,27(4):571-576.

[4] 易成,王长军,张亮,等.基于两体相互作用问题的粗糙表面形貌描述指标系统的研究[J].岩石力学与工程学报,2006,25(12):2481-2492.

[5] KISHEN J M C,SINGH K D. Stress intensity factors based fracture criteria for kinking and branching of interface crack:application to dams[J]. Engineering fracture mechanics,2001,68(2):201-219.

[6] CHEN Z H,FENG J J,LI L,et al. Fracture analysis on the interface crack of concrete gravity dam[J]. Key engineering materials,2006,324/325:267-270.

[7] GOODMAN R E,TAYLOR R L,BREKKE T L. A model for the mechanics of jointed rock[J]. Journal of soil mechanics and foundation engineering,1968,99(5):637-660.

[8] DESAI C S,DRUMM E C,ZAMAN M M. Cyclic testing and modeling of interfaces[J]. Journal of geotechnical engineering,1985,111(6):793-815.

[9] CLOUGH G W,DUNCAN J M. Finite element analysis of retaining wall behavior[J]. Journal of soil mechanics and foundation engineering division,1971,97(12):1657-1673.

[10] BRANDT J R T. Behavior of soil-concrete interfaces[D]. Alberta:The University of Alberta,1985.

[11] ZHANG D,UEDA T,FURUUCHI H. Fracture mechanisms of polymer cement mortar:concrete interfaces [J]. Journal of engineering mechanics,2012,139(2):167-176.

[12] 栾茂田,武亚军.土与结构间接触面的非线性弹性-理想塑性模型及其应用[J].岩土力学,2004,25(4):507-513.

[13] 路德春,罗磊,王欣,等.土与结构接触面土体软/硬化本构模型及数值实现[J].工程力学,2017,34(7):41-50.

[14] YIN Z Z,ZHU H,XU G H. A study of deformation in the interface between soil and

concrete[J]. Computers and geotechnics,1995,17(1):75-92.

[15] QIAN J G,YANG J,HUANG M S. Three-dimensional noncoaxial plasticity modeling of shear band formation in geomaterials[J]. Journal of engineering mechanics,2008,134 (4):322-329.

[16] HU L M,PU J L. Application of damage model for soil-structure interface[J]. Computers and geotechnics,2003,30(2):165-183.

[17] 胡启军,蒋晶,徐亚辉,等. 红层泥岩桩岩接触面本构模型试验及数值模拟[J]. 土木建筑与环境工程,2017,39(3):122-128.

[18] ESTERHUIZEN J J B,FILZ G M,DUNCAN J M. Constitutive behavior of geosynthetic interfaces[J]. Journal of geotechnical and geoenvironmental engineering,2001,127(10): 834-840.

[19] KIM D. Multi-scale assessment of geotextile-geomembrane interaction[D]. Atlanta: Georgia Institute of Technology,2007.

[20] Itasca Consulting Group Inc. FLAC[3D](Fast Lagrangian Analysis of Continua in 3 Dimensions),Version 2.00,Users Manual[R]. USA:Itasca Consulting Group Inc. ,2002.

[21] 潘岳,王志强,张勇. 突变理论在岩体系统动力失稳中的应用[M]. 北京:科学出版社, 2008:45-46.

[22] 唐春安,费鸿禄,徐小荷. 系统科学在岩石破裂失稳研究中的应用(一)[J]. 东北大学学报(自然科学版),1994,15(1):24-29.

第 5 章　不同强弱组合下软岩-煤复合围岩灾变机理分析

西部弱胶结软岩由于强度低、弱胶结、易风化,力学性质不稳定,岩巷开挖后,支护较困难,巷道不得不开挖于相对较硬的煤层中,因此形成了软岩-煤复合围岩。其典型破坏特征是大变形、软弱顶板冒落、顶板弱冲击破坏。复合围岩的稳定性与顶板、煤层、底板组成的复合结构的整体力学行为有关,对于此类复杂问题,围岩的应力、位移很难得到封闭解析解。复合围岩各岩层的强度、刚度存在差异,导致其破坏形态存在差异。

5.1　软岩-煤复合围岩的力学模型

5.1.1　西部矿区巷道软岩-煤复合围岩灾变特点

新疆伊犁矿区井田内各主要可采煤层顶板岩石岩性较复杂,以泥岩或粉砂质泥岩为主,粉细砂岩、碳质泥岩,松散砂砾岩仅局部可见。各煤层顶板厚度变化较大,无厚而坚硬的基本顶存在,仅局部可见少量碳质泥岩伪顶。其顶板各类岩层层理、节理裂隙不发育,具厚层至薄层状结构,层面结合力较差、强度低。各煤层顶板岩石均为抗水、抗风化、抗冻性能弱和易风化崩解离层以及软化的软质岩,从而发生片帮、冒落、井壁坍塌现象。因此,该区属于典型的"三软"地层。

白垩纪、侏罗纪弱胶结软岩典型特征是强度低、胶结差、易风化、遇水泥化、力学性质不稳定、本构关系非常复杂,干燥或天然无水状态下属于岩石,遇水后易崩解,随着含水量的增加逐渐向土体性质转移,在饱和状态下有的甚至变成泥砂土,使得岩巷施工和维护都很困难,因此西部煤矿巷道一般都布置在煤层中。而煤层近似水平,许多煤巷开挖后,经常从顶部煤层发出巨响,接着就是松动、掉煤块,甚至顶板大范围冒落,顶板产生弱冲击,严重威胁生产安全,造成巷道建设成本和维护成本大幅度上升。随着采掘范围的扩展,采动影响的增加,冲击的频率、力度、范围和危害将会不断增大,严重制约西部煤矿高效、安全生产。这是西部煤炭生产中亟待解决的问题。

通过井下考察可见,西部弱胶结软岩煤系地层煤巷顶板冲击具有"岩爆"基本特征,经常由顶板发出巨响后,在巷道两肩以上的顶板范围出现断裂滑移面,轻者顶板松动、掉小块、锚杆松脱失效,重者顶板大范围冒落,在巷道内形成数米高的天窗,但鲜见煤块弹射或煤体抛掷(突出)现象,所以又有材料应变软化失稳特征;有的巷道在冲击后不久还会出现缓慢而持续的底鼓,显示出流变特征。因此我们认为这里的弱冲击与弱胶结软岩煤系地层特殊岩层结构有关,形成机理复杂。

5.1.2 煤巷复合软岩顶板的两种力学模型

按照巷道在煤层中的位置不同,煤巷的两种力学分析模型如图 5-1 所示。图 5-1(a)为半煤-半岩巷道模型,巷道穿越煤层和岩层,拱顶位于岩层中,而帮部和底板处于同一煤层中;图 5-1(b)为全煤巷道模型,巷道完全布置于煤层中,巷道的顶板、帮部和底板均处于同一煤层中。半煤-半岩巷道模型的顶板为由碳质泥岩、泥岩、细砂岩组成的复合型软岩;全煤巷道模型的顶板可视为由碳质泥岩、泥岩、细砂岩和煤体组成的复合型软岩。由于泥岩的强度和刚度参数低于其他岩层,可将其视为软弱夹层,由于各层层面结合力较差、强度低,顶板岩体易发生拉伸破坏,因此应考虑各岩层接触力学行为的影响。在各岩层接触位置建立交界面,并考虑交界面的滑移和离层。

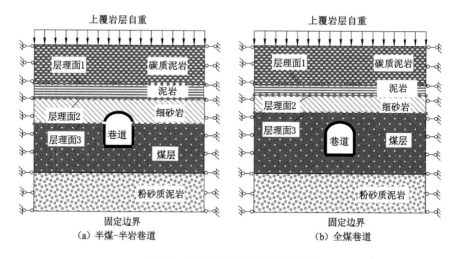

图 5-1 煤巷的两种力学分析模型

由于西部矿区地质条件的复杂性,煤层赋存厚度并不均匀,上述两种布巷方式在工程现场均有较广泛的应用。因此有必要弄清楚这两类模型的灾变机理,对影响巷道稳定性的关键因素进行分析。两种巷道围岩与传统意义上的巷道围岩存在本质上的不同：① 顶板为复合型软岩，而且含有较软岩层（与一般意义上的薄软夹层不同）；② 围岩为煤-岩复合结构，不同于开挖在岩层中的岩巷；③ 一般煤巷煤层力学性能要低于周围岩层，但西部矿区某些软岩经过泥化、风化后其承载能力要低于煤层承载能力或者与煤层承载能力相近。以上特点决定了本书建立的两种巷道模型的灾变失稳特征不同于传统意义上的巷道。

鉴于分析模型的复杂性，难以用解析方法对问题求解，以下采用数值方法进行分析。根据室内试验结果和现场地质测试资料，为简化计算，分析影响巷道稳定性的关键因素，各岩层物理力学参数如表 5-1 所列。

表 5-1　各岩层物理力学参数

	重力密度/(N/m³)	弹性模量/GPa	泊松比	黏聚力/MPa	内摩擦角/(°)	抗拉强度/MPa
碳质泥岩	2.0×10^4	4.1	0.250	4.0	44	1.11
软弱泥岩	1.2×10^4	1.0	0.300	0.5	30	0.10
细砂岩	1.3×10^4	0.5	0.270	1.0	38	0.30
煤层	1.5×10^4	1.5	0.272	1.5	40	0.50
粉砂质岩	2.0×10^4	4.0	0.260	3.8	42	1.10

以下分析中将考虑岩层之间的剪切滑动和顶板复合软岩之间的离层对巷道稳定性的影响，为方便分析，设定层理面 1 和层理面 2 具有相同的交界面参数。各岩层交界面的力学参数取值见表 5-2。

表 5-2　各岩层交界面的力学参数取值

	法向刚度/(GPa/m)	切向刚度/(GPa/m)	黏结力/MPa	内摩擦角/(°)	抗拉强度/MPa	抗剪强度/MPa
层理面 1	0.8	0.8	0.02	30	0.01	0.1
层理面 2	0.8	0.8	0.02	30	0.01	0.1
层理面 3	4.0	4.0	4.00	30	0.50	5.0

5.2　软弱泥岩层厚度对巷道稳定性的影响

5.2.1　两种数值计算模型

两种模型计算尺寸均为 40 m×40 m，开挖巷道为直墙半圆拱形，直墙高度为 2 m,跨度为 4 m,半圆拱半径为 2 m。设半煤-半岩巷道模型各层厚度为:细砂岩层厚度为 4 m,煤层厚度为 8 m,粉砂质泥岩层厚度为 12 m,泥岩层与碳质泥岩层厚度总和为 16 m;全煤巷道模型各层厚度为:细砂岩层厚度为 4 m,煤层厚度为 8 m,粉砂质泥岩层厚度为 16 m,泥岩层与碳质泥岩层厚度总和为 12 m。考虑自重应力场影响,上覆岩层自重为 10 MPa。两种模型中均假定泥岩层厚度为 h,通过变换泥岩层的厚度(h 取 0.5~4 m,间隔为 0.5 m)来考察不同泥岩层厚度对巷道稳定性的影响。在改变泥岩层厚度时保持泥岩层与碳质泥岩层总厚度不变。图 5-2 为泥岩层厚度取 2 m 时的巷道计算模型。不考虑开挖顺序和开挖工作面的影响,采用二维平面应变模型进行分析。

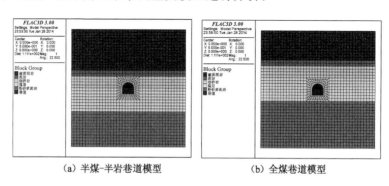

（a）半煤-半岩巷道模型　　　　　（b）全煤巷道模型

图 5-2　巷道计算模型

5.2.2　顶板、两帮、底板的非协同变形分析

以 h＝2 m 为例来分析两种模型巷道的灾变破坏过程。为分析巷道收敛变形发展过程,在拱顶、两帮及底板中部各布置监测点,监测顶、底板垂直收敛位移和两帮水平收敛位移的变化过程。

图 5-3(a)为半煤-半岩巷道模型顶板、两帮及底板监测点收敛位移发展演化过程。地应力平衡结束时步为 12 500 步。开挖初期,巷道位移收敛速度较快,顶板在开挖较短时间内产生较大的垂直位移,具有"位移跌落"特征,这实际上是由于各岩层强度和刚度差异产生的非稳定位移突跳;当加载到 13 250 步时,底板变形趋于稳定,但顶板和两板变形仍在持续增大;当加载到 13 750 步后,顶板和两帮变形速度趋于平缓,但并没有完全稳定。变形量的排列顺序为:顶板下沉量＞两帮向巷道的收敛量＞底板的底鼓量。从整个变形过程来看,巷道各部分的收敛位移并不是协调发展的,从曲线形态来看,顶板和两帮在整个变形过程中始终保持着协同发展关系,但是底板在开挖后较短时间内即趋于稳定。因此,半煤-半岩巷道模型的巷道变形失稳以顶板下沉和两帮挤入为主。图 5-3(b)为全

煤巷道模型顶板、两帮及底板监测点收敛位移发展演化过程,该模型监测点位移均小于半煤-半岩巷道模型监测点位移。底板位移在开挖瞬间(10 000 步)即完成收敛,随后保持稳定,但顶板和两帮位移却持续增大,到达 14 000 步之后趋于稳定。与半煤-半岩巷道模型相同,顶、底板及两帮的位移不是协调发展的。开挖初期,巷道各部分快速变形,但在后期以顶板下沉和两帮变形为主,整个计算过程中全煤巷道位移无突跳现象。

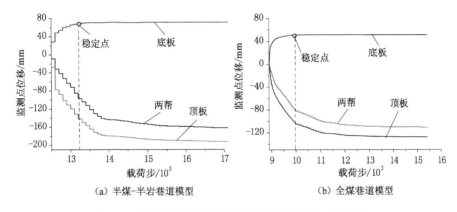

(a) 半煤-半岩巷道模型　　　　　(b) 全煤巷道模型

图 5-3　顶板、两帮及底板监测点收敛位移发展演化过程

5.2.3　煤-岩复合围岩的灾变机理分析

为进一步分析巷道围岩的破坏特征,图 5-4 给出了 $h=2$ m 时,巷道的变形破坏形态[图 5-4(a),变形放大 8 倍显示]和塑性区分布特征[图 5-4(b)]。由图 5-4(a)可知,复合软岩顶板中由于碳质泥岩、泥岩和细砂岩之间的岩性(刚度、强度)和厚度不同,各层向巷道开挖空间的垂直位移发展不协调导致三者的弯曲量不同,加之复合软岩顶板中软弱泥岩层与其他岩层胶结状态较差,致使泥岩层出现与上部碳质泥岩和下部细砂岩的垂直方向分离,即出现离层,距开挖空间越近的层理面离层位移越大,这种内部某一岩层的离层现象极为隐蔽。综上所述,顶板泥岩软弱层的存在,破坏了顶板复合软岩体的整体结构性,降低了其承载能力,极易造成顶板的垮落。顶板细砂岩的弯曲下沉,导致拱顶围岩与巷道直墙部分围岩产生沿层理面 3 的剪切滑动位移,如图 5-4(a)中箭头所示,两部分围岩的总体位移方向均指向巷道内部。巷道围岩中以巷道直墙和半圆拱交界处围岩的变形量最大。最终巷道轮廓失稳扭曲成为上下不对称的"8"形。

图 5-4(b)为复合围岩的塑性区最终分布形态。半煤-半岩巷道模型的塑性区主要分布在两帮及拱顶两侧,以剪切破坏为主,顶、底浅部岩层和煤层存在拉

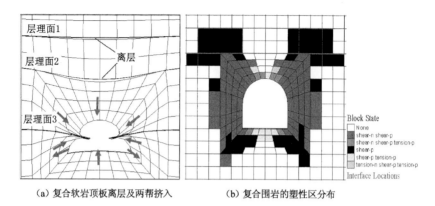

（a）复合软岩顶板离层及两帮挤入　　　　（b）复合围岩的塑性区分布

图 5-4　半煤-半岩巷道模型的巷道失稳形态

伸破坏区域；两帮塑性区影响范围为 3 m，拱顶两侧塑性区延伸到软泥岩和顶板细砂岩的分界面；从塑性区发展的整个过程来看，塑性区起始于巷道四周浅部岩层和煤层中，由于顶部离层产生较大的垂直位移，巷道两帮承受挤压应力，塑性区逐渐向两帮深处发展，当顶板变形达到一定值后，塑性区开始由拱顶两侧向深部岩层发展，软弱泥岩层由于弯曲变形量增大，在两侧承受较大的剪应力而发生剪切破坏。由于软弱泥岩层的抗拉和抗剪能力较弱，当其弯曲变形量达到破坏阈值时将会诱发较大的拉应力而产生断裂。

　　图 5-5（a）为全煤巷道围岩变形放大 8 倍后，各层理面的变形情况及巷道轮廓线的扭曲。相比半煤-半岩巷道模型，全煤巷道围岩变形要小一些，复合软岩顶板各层理面未出现明显的离层现象。层理面 1 承受整体压缩变形，各处垂直位移分布较均匀；层理面 2 在巷道中心线附近区域存在不明显的离层现象，当放大倍数调整为 20 时可观测到；层理面 3 由于靠近开挖巷道，因此在巷道中心线区域产生较明显的弯曲变形，但并未出现离层。实际上，以上现象是在特定参数下得到的，当改变岩层及交界面参数时，也将出现离层现象。同半煤-半岩巷道模型相同，全煤巷道的轮廓线也以直墙和半圆拱分界点为界，呈上下不对称的"8"形发展。图 5-5（b）为全煤巷道复合围岩的塑性区分布，同半煤-半岩巷道模型相比，其塑性区分布范围要小一些，集中分布于巷道两帮、拱顶两侧及底板的两个角点位置。两帮和顶板、底板塑性区深度范围均为 2 m，顶板与煤层相邻的细砂岩底部由于弯曲变形也产生部分剪切破坏。巷道顶、底浅层煤岩体出现拉伸破坏。

　　综上分析，半煤-半岩巷道的灾变发展过程可概括为：顶板一定深度处软弱层离层→顶板产生较大的弯曲变形→巷道两帮直墙和拱顶沿层理面剪切滑移→

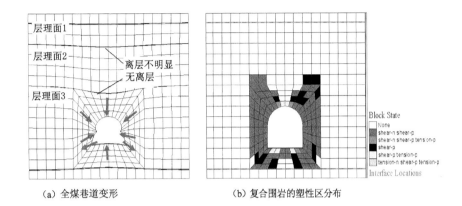

(a) 全煤巷道变形 (b) 复合围岩的塑性区分布

图 5-5 全煤巷道模型的巷道失稳形态

两帮塑性区发展→拱顶塑性区发展→软岩层和靠近临空面顶板岩层在较大拉应力的作用下产生损伤破断→顶板突发冒落。即使对于浅埋巷道,由于顶板软岩层的存在,这种灾变过程也会发生。全煤巷道的灾变发展过程可概括为:顶板靠近煤巷的细砂岩离层产生整体弯曲变形+底鼓变形→巷道两帮直墙和拱顶向巷道内部挤入→巷道塑性区发展→顶板煤层和岩层整体弯曲变形增大→在较大拉应力的作用下产生损伤破断→顶板突发冒落。

5.2.4 软弱泥岩层厚度对巷道稳定性的影响

图 5-6 为不同泥岩层厚度下各层理面的垂直位移分布(半煤-半岩巷道模型)。随着泥岩层厚度增大,三个层理面的垂直位移均呈现增大趋势,但变化幅度不同,由于巷道开挖,层理面 2 的增长幅度最大,最大垂直位移由 90 mm 增加到 180 mm,相对增加量为 100%;其次为两帮,最大垂直位移由 75 mm 增加到 110 mm,相对增加量为 46.7%;层理面 3 的最大垂直位移则由 82.5 mm 增加到 89.5 mm,相对增加量为 8.5%。此外,三个层理面垂直位移不均匀分布范围均以巷道中心线呈对称分布,但影响区域差别较大。层理面 1 为巷道跨距的 2.5 倍,层理面 2 为巷道跨距的 1.85 倍,层理面 3 为巷道跨距的 1 倍,且各层理面非均匀变形区域不随软弱泥岩层厚度的改变而改变。

全煤巷道模型不同泥岩层厚度下各层理面的垂直位移分布如图 5-7 所示。各层理面的垂直位移均随泥岩层厚度的增加而增大,而且增长幅度随着距离巷道临空面距离的减小而增加。由于各岩层之间未出现明显的离层现象,因此其位移增长幅度要小于半煤-半岩巷道模型。巷道的变形与上覆各岩层的整体弯

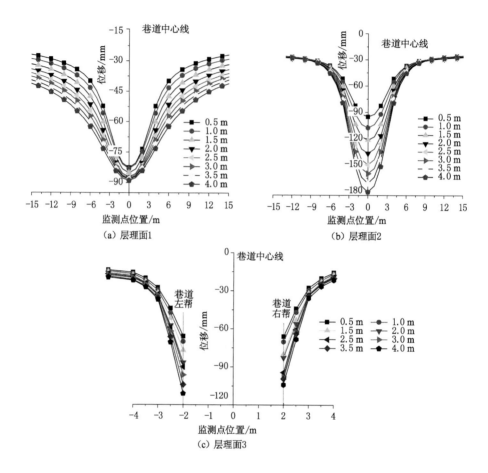

图 5-6　不同泥岩层厚度下各层理面垂直位移分布(半煤-半岩模型)

曲变形有关,因此各层理面的影响范围要大于半煤-半岩巷道模型中各层理面的影响范围。

　　图 5-8 给出了不同泥岩层厚度下巷道围岩位移分布。可见,不管是在顶板还是在两帮,两种模型的位移随泥岩层厚度变化具有相同的趋势。图 5-8(a)为左帮直墙部分水平位移变化规律。巷道直墙以中心为界向两个方向变形,如图 5-4(a)和图 5-5(a)中箭头所标。拱顶部分垂直位移[图 5-8(c)]除与直墙接触点外,其余各监测点分布基本相同。泥岩层厚度对直墙下部监测点位移影响大于上部;随着泥岩层厚度增大,顶板的下沉量也在不断增长,但其分布形态并未发生变化。

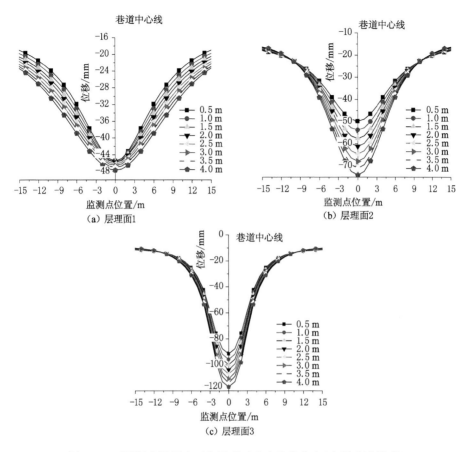

图 5-7 不同泥岩层厚度下各层理面垂直位移分布（全煤巷道模型）

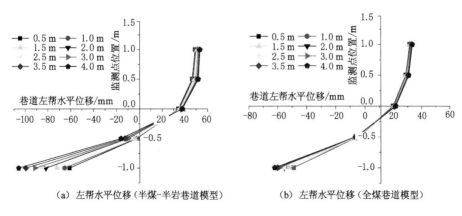

图 5-8 不同泥岩层厚度下巷道围岩位移分布

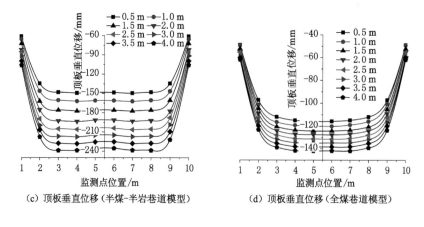

（c）顶板垂直位移（半煤-半岩巷道模型）　　（d）顶板垂直位移（全煤巷道模型）

图 5-8（续）

图 5-9 为不同泥岩层厚度下各层理面剪切位移分布（半煤-半岩巷道模型）。层理面 3 剪切位移较小，可忽略不计。由于层理面 1 和层理面 2 分别位于泥岩层的两侧，因此其剪切位移方向相反。随着监测点逐渐远离巷道中心，两层理面的剪切位移均呈现先增大后减小的变化趋势，在距离巷道中心 10 m 处减小为 0。随着泥岩层厚度增加，层理面 1 的剪切位移呈现先减小后增大的变化趋势，分界点在距离巷道中心 3～4 m 处；而层理面 2 的剪切位移呈现先增大后减小的变化趋势，分界点在距离巷道中心 3 m 处。对比图 5-5 可知，两层理面的最大剪切位移处恰为两层理面产生离层的分界点。各层理面上剪应力的分布规律与剪切位移分布相同，限于篇幅，书中未给出。由以上分析可知，各层理面离层与非离层的分界点处存在最大剪切位移和最大剪应力。

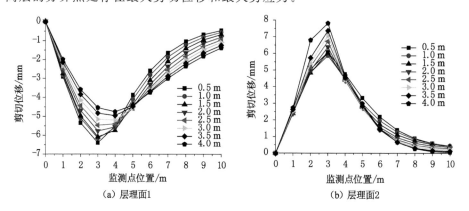

（a）层理面1　　　　　　　　　（b）层理面2

图 5-9　不同泥岩层厚度下各层理面剪切位移分布（半煤-半岩巷道模型）

　　图 5-10 为不同泥岩厚度下各层理面剪切位移分布（全煤巷道模型）。层理面 1、层理面 2 和层理面 3 各监测点剪切位移随着距巷道中心距离的增大呈现先增大后减小的变化趋势。相比层理面 2，层理面 1 和层理面 3 的剪切位移小一些。由于没有明显离层，全煤巷道模型各层理面的剪切位移明显小于半煤-半岩巷道模型各层理面的剪切位移。此外，层理面 1 和层理面 2 的剪切位移均随着泥岩厚度的增大而减小，而层理面 3 的剪切位移随泥岩厚度的增大而增大。

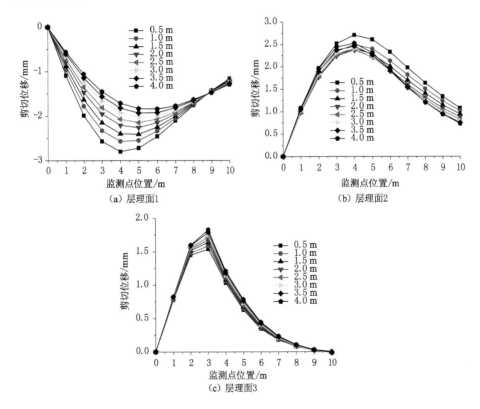

图 5-10　不同泥岩层厚度下各层理面剪切位移分布（全煤巷道模型）

　　综合以上分析，泥岩层厚度对巷道稳定性的影响为：① 随着泥岩层厚度增大，顶板岩层的离层量增大，尤以靠近巷道临空面的顶板岩层的离层量增加最显著；② 泥岩层厚度对两帮垂直位移影响较大，但对水平位移影响不明显，且具有一定的影响深度；③ 随着泥岩层厚度增大，其上、下层理面剪切位移成相反的变化趋势，最大剪切位移（或最大剪应力）处为岩层离层和非离层的分界点。

5.3 不同软岩-煤刚度和强度匹配下巷道的破坏特征

西部矿区地下工程围岩由于赋存地质条件的复杂性,形成了由众多岩性不同岩层组成的复合围岩模型。本节将进一步针对半煤-半岩巷道模型,讨论不同煤、岩强度和刚度组合下煤-岩复合围岩的破坏特征。

5.3.1 软弱泥岩层强度和刚度对围岩破坏的影响

图 5-11 为不同泥岩层刚度下顶板中心线监测点垂直位移。监测点垂直位移随着距顶板距离的增大而减小,到达层理面 1 位置后垂直位移保持不变,进一步说明巷道顶板的变形量与泥岩层和细砂岩层的离层位移以及整体弯曲变形有关。当泥岩层刚度小于 0.5 GPa 时,如图中取 0.1 GPa 时,泥岩层和细砂岩层内监测点产生明显的垂直位移,即:当 $h=1$ m 时,层理面 1 和层理面 2 监测点的相对垂直位移达 0.17 mm;当 $h=2$ m 时,该相对垂直位移为 0.32 mm;当 $h=4$ m 时,该相对垂直位移为 0.6 mm。当泥岩层刚度大于 0.5 GPa 时,层理面 1 和层理面 2 无明显的离层,各监测点垂直位移无明显的突跳。当泥岩层取一定厚度时,随着其刚度增加,各监测点垂直位移的增长幅度减小。

为进一步说明顶板各岩层的位移分布,图 5-12 给出了泥岩层厚度为 1 m 时,在不同泥岩层刚度下巷道围岩变形云图。图中围岩变形云图均放大 4 倍,轮廓线保持原尺寸不变。泥岩层刚度越小,顶板垂直位移越大,两帮向内挤压变形越严重,巷道轮廓线扭曲越明显。显然,当泥岩层刚度取 0.1 GPa 时,层理面 2 产生了明显的离层;当泥岩层刚度取 0.5 GPa 和 1 GPa 时,离层不明显。若离层范围内围岩产生塑性剪切破坏,顶板将出现大冒顶,在巷道内形成"天窗"。泥岩强度改变对底板的变形量影响较小。

图 5-13 为不同泥岩层强度下顶板中线监测点垂直位移。设泥岩刚度为 0.5 GPa,当泥岩黏聚力分别取 0.1 MPa、0.5 MPa、1 MPa 和 2 MPa,泥岩层厚度取 1 m 和 4 m 时,如图 5-13 所示,同一厚度下监测点的垂直位移基本相同,不同厚度下监测点的垂直位移略有增加。

从以上分析可知,软弱泥岩层的刚度是影响顶板离层和顶板位移的决定性因素。特定刚度下,泥岩层强度对顶板位移影响较小。

5.3.2 不同软岩-煤刚度匹配下巷道的破坏特征

5.3.2.1 顶板取不同刚度时岩-煤围岩系统破坏特征

计算模型同图 5-2(a),泥岩层厚度取 2 m,各岩层及层理面力学参数同表 5-1

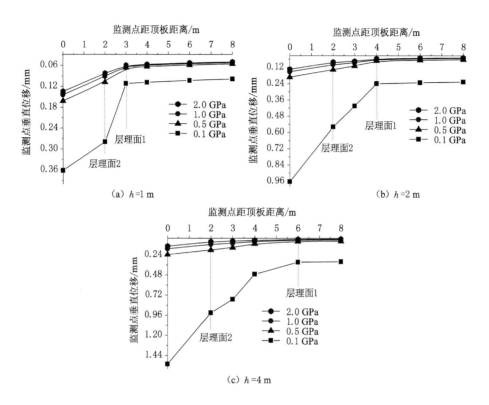

图 5-11　不同泥岩层刚度下顶板中线监测点垂直位移

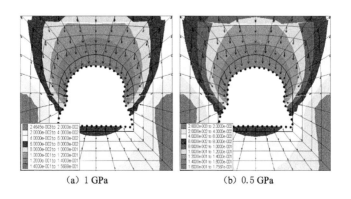

图 5-12　不同泥岩层刚度下巷道围岩变形云图

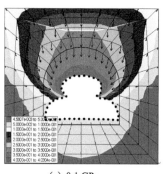

(c) 0.1 GPa

图 5-12（续）

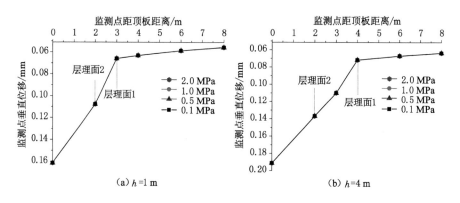

图 5-13　不同泥岩层强度下顶板中线监测点垂直位移

和表 5-2 所列。保持煤层刚度不变，通过改变顶板细砂岩刚度，考察不同软岩-煤刚度匹配下巷道的破坏特征。设组成巷道围岩的细砂岩和煤层的刚度比为 α。在巷道帮部细砂岩和煤层交界面等间隔布置监测点，距巷道内壁距离为 $1\sim5$ m。

图 5-14 为巷帮层理面 3 监测点垂直位移演化规律。当细砂岩取不同刚度时，监测点的垂直位移发展分为两个阶段，首先表现出"阶跃式"突跳特点，然后平稳增长至稳定值，而且距离巷帮越近，监测点的垂直位移越大，位移突跳越明显。由于细砂岩和煤层之间设置了层理面，这种交界面可以看作断层，巷道开挖后，在岩-煤围岩系统承载力逐渐降低的过程中，这种位移"阶跃式"突跳，可以看作围岩产生非稳定破坏的一种标志。当 $\alpha = 0.3$ 时，监测点位移产生了反弹，即反向突跳。当细砂岩取不同刚度时，各监测点第一阶段变形的发展时程并不相同。当 $\alpha = 0.3$ 时，发展时程为 2 200 步；当 $\alpha = 0.67$ 时，发展时程为 1 300 步；当 $\alpha = 1$ 时，发展时程为 1 200 步；当 $\alpha = 2$ 时，发展时程为 1 980 步；当 $\alpha = 3.3$

时为,发展时程 1 180 步;当 $\alpha = 6.7$ 时,发展时程为 1 000 步。

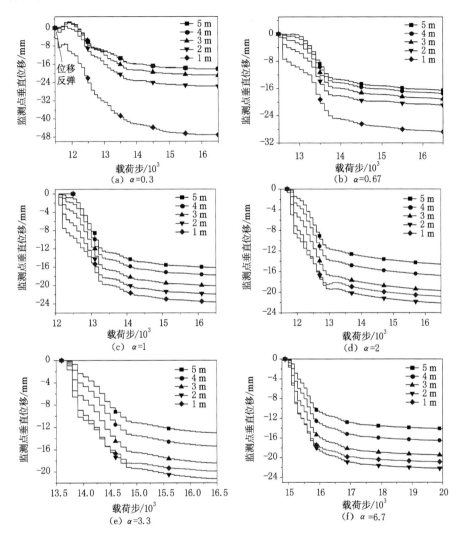

图 5-14　巷帮层理面 3 监测点垂直位移演化规律

图 5-15 为不同顶板细砂岩刚度下层理面 3 监测点的剪切位移。以左帮监测点为例,与层理面 1 和层理面 2 的剪切位移分布(图 5-9)只存在一个峰值点不同,当细砂岩刚度取 0.5 GPa 和 1 GPa 时($\alpha<1$),左边和右帮的剪切位移分布曲线分别出现正、负峰值点,当细砂岩刚度取 3 GPa、4 GPa 和 6 GPa 时($\alpha=2$,2.7,4),出现剪切位移波动,左帮有一个正峰值点,右帮有一个负峰值点。峰值点位置随着 α 的增大向巷帮移动,并且峰值剪切位移逐渐增大。

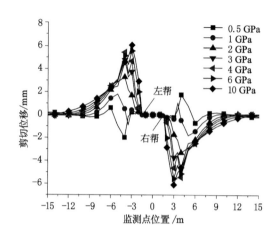

图 5-15　不同顶板刚度下层理面 3 监测点的剪切位移

5.3.2.2　顶板取不同刚度时岩-煤围岩系统破坏特征

图 5-16 为不同顶板刚度下巷道位移变化规律。随着顶板刚度的提高,顶板和两帮位移明显减小,以两帮位移减小得更明显。当顶板刚度大于 6 GPa 时,顶板和两帮位移趋于稳定。顶板刚度提高对底板位移影响较小。图中位移演化规律进一步说明了巷道围岩稳定性与岩-煤复合围岩的整体力学行为有关。增大顶板刚度,可提高巷道两帮的稳定性。

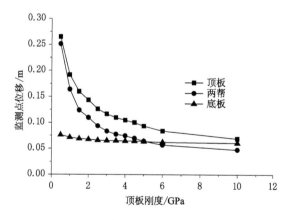

图 5-16　不同顶板刚度取下巷道位移变化规律

图 5-17 为不同顶板刚度下巷道围岩变形云图,图中模型轮廓图为原始尺寸,云图放大四倍显示。随着顶板刚度的增加,顶板离层量逐渐减小,尽管交界

面存在离层,但各岩层中位移保持连续,位移呈拱形分布(图中以黑色为边界)。当顶板刚度取 0.5 GPa 和 1 GPa 时,该拱主要分布在巷道半圆拱以上的细砂岩和泥岩层中,拱内位移分布梯度较大,说明巷道位移主要集中在顶板和两帮,巷道轮廓线呈上细下粗的"8"形。随着顶板刚度的增加,该拱逐步向下延伸并穿越巷道两帮至底板,并在底板内向下发展。随着位移分布拱的扩展,巷道轮廓变形逐渐减小,拱内位移梯度变小,顶、底围岩位移表现出整体变形特点。

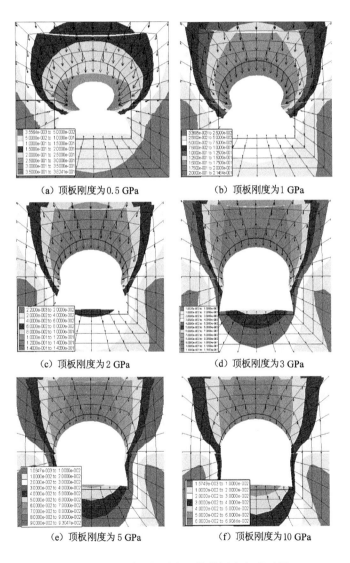

图 5-17　不同顶板刚度下巷道围岩变形云图

5.4 考虑拉压不同模量的围岩损伤模型

由 5.2.1 节可知,由于顶板岩层岩性的差异,尤其存在软弱岩层时,软岩层会与相邻岩层产生层间分离,岩层中部受到最大的拉应力,当离层空间发展到一定程度时,软岩岩层中部就会出现断裂,从而引发一定深度的顶板冒落。巷道顶板岩层断裂是一个蠕变损伤演化的过程,并非瞬时完成,其破坏具有时效性。

长期以来,为了弄清顶板的破断规律,学者们开展了大量的研究工作。范庆忠等[1]对巷道和采场顶板的弯曲流变进行了试验研究,分析了流变条件下顶板弯曲中性面位置的变化规律;刘东燕等[2]将巷道上覆岩层简化为承受非均匀载荷的等效复合顶板模型,讨论了岩层的层间剪切滑移;王志学、Wang、Castellanza 等[3-5]对采空区悬顶板模型进行了时间相关性的蠕变分析;崔继升等[6]建立了损伤基础顶板的地质力学模型,并分析了煤层基本顶的极限破断矩和压力情况;冯龙飞等[7]基于弹性地基假设的三角增压载荷悬臂梁模型,推导得到了回采速度控制下顶板梁的下沉量、弯矩及弯曲弹性能密度的解析解。许兴亮等[8]采用数值模拟方法研究了巷道围岩外层关键顶板与内层预应力承载结构的作用;卢宜志等[9]分析了影响顶板周期裂断步距的因素。陈冬冬等[10]采用理论计算、相似模拟与工程实践相结合的方法研究了基本顶结构周期破断与全区域反弹压缩场的时空关系。何富连等[11]建立了弹性基础边界条件弹性薄板力学模型,研究分析了基本顶实际围岩条件时的破断规律及破断条件。Klimek 等[12]为建立浅部开采条件下顶板破坏的运动关系,建立了顶板岩梁的力学模型,分析了顶板岩梁的结构失稳过程。

以上文献在顶板的破坏时效性及损伤断裂方面取得了许多研究成果,但均未考虑岩体拉压弹性模量的差异以及水平应力的影响,本节将着重考虑岩体的不同拉压模量及水平应力作用,建立软弱顶板的蠕变损伤模型。

5.4.1 软岩巷道顶板的力学模型

将巷道顶板软弱岩层简化为顶板,承受自重应力和水平应力,其力学模型及弯矩分布如图 5-18 所示。q 为顶板上覆岩层产生的自重应力,假定水平应力均由自重产生,则水平应力系数 $k_x = \nu/(1-\nu)$,轴向力 $F_N = k_x q A$,其中 A 为顶板的横截面面积。

拉压弹性模量的不同,导致顶板弯曲后中性轴位置不在横截面的对称轴上,如图 5-19 所示。设岩体的抗拉模量为 E_t,抗压模量为 E_c,若顶板中的最大拉应力超过极限拉应力,则发生脆断,无蠕变产生。假定应力、应变满足诺顿(Norton)非线性关系[13],则:

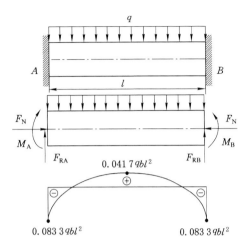

图 5-18　顶板的力学模型及弯矩分布

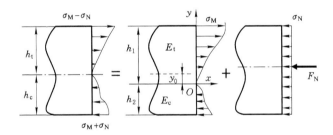

图 5-19　顶板横截面上的应力分布

$$\bar{\sigma} = E \left(\frac{\varepsilon}{C} \right)^n \tag{5-1}$$

式中　$\bar{\sigma}$ —— 有效应力；

$\quad\quad E$ —— 弹性模量；

$\quad\quad C, n$ —— 材料常数。

两端面固定端处取 $M_{\max}$，因此损伤从此处开始，顶板横截面上的应力分布见图 5-19，以弯曲中性轴处建立 xOy 坐标系。

若只考虑弯曲，设顶板的曲率为 κ_0，顶板的宽度为 b，则顶板上任一点的应变 $\varepsilon = \kappa_0 y$，代入式(5-1)得：

$$\bar{\sigma} = E \left(\frac{\kappa_0}{C} y \right)^n \tag{5-2}$$

静力学关系如下：

$$\int_0^{h_1} E_t \left(\frac{\kappa_0}{C}y\right)^n b\,dy - \int_{-h_2}^0 E_c \left(\frac{\kappa_0}{C}y\right)^n b\,dy = 0 \qquad (5\text{-}3)$$

$$\int_{-h_2}^0 E_c \left(\frac{\kappa_0}{C}y\right)^n yb\,dy + \int_0^{h_1} E_t \left(\frac{\kappa_0}{C}y\right)^n yb\,dy = M(x) \qquad (5\text{-}4)$$

由式(5-3)得：

$$E_t h_1^{n+1} = E_c h_2^{n+1}$$

即：

$$\begin{cases} h_1 = \dfrac{\sqrt[n+1]{E_c}}{\sqrt[n+1]{E_c} + \sqrt[n+1]{E_t}}h = E_1 h \\[4mm] h_2 = \dfrac{\sqrt[n+1]{E_t}}{\sqrt[n+1]{E_c} + \sqrt[n+1]{E_t}}h = E_2 h \end{cases} \qquad (5\text{-}5)$$

定义弹性模量比例系数 $\alpha = \dfrac{\sqrt[n+1]{E_t}}{\sqrt[n+1]{E_c}}$，则：

$$\begin{cases} h_1 = \dfrac{1}{1+\alpha}h \\[4mm] h_2 = \dfrac{\alpha}{1+\alpha}h \end{cases} \qquad (5\text{-}6)$$

式中，h_1 和 h_2 分别为只考虑弯曲时受拉区和受压区的高度。若 $E_t = E_c$，则 $\alpha = 1$，退化为各向同性顶板。由式(5-4)得：

$$\kappa_0^n = \frac{C^n(n+2)M(x)(1+\alpha)^{n+2}}{E_t(1-\alpha)bh^{n+2}} \qquad (5\text{-}7)$$

令 $\Omega = \dfrac{1-\alpha}{(1+\alpha)^{n+2}}$，则 $\kappa_0^n = \dfrac{C^n(n+2)M(x)}{\Omega E_t bh^{n+2}}$。

当顶板受横向载荷和轴向压力时，将发生压弯组合变形，横向载荷使构件产生弯曲变形，轴向压力引起附加弯矩，使弯曲变形增大。由于顶板的弯曲刚度较大，此处忽略轴向压力引起的附加弯矩，假设轴向压力对曲率没有影响，只影响中性轴的位置。轴向压力将使弯曲中性轴的位置向上偏移，设偏移量为 y_0。

中性轴处应力为 0，即：

$$\sigma_{ne} = \sigma_M - \sigma_N = E_t\left(\frac{\kappa_0}{C}y\right)^n - \frac{F_N}{A} = E_t\left[\frac{(n+2)M(x)}{\Omega E_t bh^{n+2}}\right]y_0^n - k_x q = 0 \qquad (5\text{-}8)$$

由此得：

$$y_0 = \left[\frac{k_x qb\Omega}{(n+2)M(x)}\right]^{\frac{1}{n}}h^{1+\frac{2}{n}} \qquad (5\text{-}9)$$

故有效拉应力极值为：

$$\bar{\sigma} = E_t \left[\frac{\kappa_0}{C}(y - y_0) \right]^n = \frac{A(x)}{h^{n+2}} \left[y - B^{\frac{1}{n}}(x) h^{1+\frac{2}{n}} \right]^n \tag{5-10}$$

式中，$A(x) = \dfrac{(n+2)M(x)}{\Omega b}$，$B(x) = \dfrac{k_x q b \Omega}{(n+2)M(x)}$。

可见顶板的应力场为非均匀场，因此损伤场的变化也是非均匀的。

5.4.2　损伤演化方程

由于岩石抗拉强度低，所以顶板受拉一侧处于微裂纹张开和扩展的变形过程中，而受压一侧处于弹性压密阶段，因此假定顶板只在拉应力作用下产生损伤。损伤演化方程采用卡恰诺夫指数函数形式，设为：

$$\frac{\mathrm{d}D}{\mathrm{d}t} = a\bar{\sigma}^m = \begin{cases} a\left(\dfrac{\sigma}{1-D}\right)^m & (\sigma > 0) \\ 0 & (\sigma < 0) \end{cases} \tag{5-11}$$

式中，D 为损伤因子，a 和 m 为材料常数。初始时刻 $D(0) = 0$，将式（5-11）积分得到：

$$D(t) = 1 - \left\{ 1 - a(1+m) \int_0^t [\sigma(\tau)]^m \mathrm{d}\tau \right\}^{\frac{1}{m+1}} \tag{5-12}$$

在断裂前缘上，损伤因子 $D = D_c = 1$，记损伤前缘应力为 $\sigma_\Sigma(t)$，由式 5-12 得任意时刻 t 损伤前缘应满足下式：

$$a(1+m) \int_0^t [\sigma_\Sigma(t)]^m \mathrm{d}\tau = 1 \tag{5-13}$$

5.4.3　顶板的蠕变损伤模型

5.4.3.1　断裂孕育阶段

此阶段虽然受拉区有损伤累积，但尚未形成宏观开裂区，顶板所承受的载荷可持续增加，直到顶板的横截面上承受最大拉应力处开始开裂，称为潜在破损阶段。此阶段，$h = h_0$。将式（5-10）代入式（5-12）得：

$$D(t) = 1 - \left(1 - a(1+m) \int_0^t \left\{ \frac{A(x)}{h^{n+2}} \times \left[y - B^{\frac{1}{n}}(x) h^{1+\frac{2}{n}} \right]^n \right\}^m \mathrm{d}\tau \right)^{\frac{1}{m+1}}$$

$$\tag{5-14}$$

设在 $x = x^*$ 处，有 $M = M(x^*) = M_{\max}$，当 $D = D_c = 1$ 时，在 $y = h_1$ 处发生断裂，由式（5-14）得断裂起始时间为：

$$t_0 = \left\{ a(1+m) \left[\frac{A(x^*)}{h_0^{n+2}} \right]^m \cdot \left[\bar{\alpha} h_0 - B^{\frac{1}{n}}(x^*) h_0^{1+\frac{2}{n}} \right]^{mn} \right\}^{-1} \tag{5-15}$$

式中，$\bar{\alpha} = \dfrac{1}{1+\alpha}$。

5.4.3.2 断裂发展阶段

此阶段损伤宏观开裂区形成并逐渐向下扩展,有效承载区和开裂区(已丧失承载能力)以断裂前缘为分界面。顶板的有效承载高度将随损伤的发展而减小,从而有效承载面积也将减小,此阶段 $h < h_0$。

任意时刻 τ,横截面上的最大有效拉应力为:

$$\bar{\sigma}(\tau) = E_t \left\{ \frac{\kappa_0}{C} \left[y(\tau) - y_0(\tau) \right] \right\}^n = \frac{A(x)}{h^{n+2}(\tau)} \left[y(\tau) - B^{\frac{1}{n}}(x) h^{1+\frac{2}{n}}(\tau) \right]^n$$

(5-16)

式中:$t \geqslant \tau$,$y(\tau)$ 为 τ 时刻损伤前缘在 xOy 坐标系中的位置。图 5-20 所示为任意时刻顶板的截面高度与中性轴位置。易知:

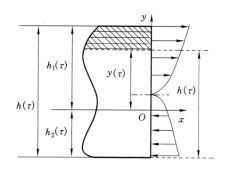

图 5-20　任意时刻顶板的截面高度与中性轴位置

$$y(\tau) = h(t) - h_2(\tau) = h(t) - \frac{\alpha}{1+\alpha} h(\tau)$$

将其代入式(5-16)得:

$$a(1+m)A^m(x) \cdot \int_0^t \frac{1}{h^{mn+2m}(\tau)} \left\{ \left[h(t) - \frac{\alpha}{1+\alpha} h(\tau) \right] - B^{\frac{1}{n}}(x) h^{1+\frac{2}{n}}(\tau) \right\}^{mn} d\tau = 1$$

(5-17)

为方便分析,令 $mn = 1$,上式变为:

$$a(1+m)A^m(x) \cdot \int_0^t \frac{1}{h^{1+2m}(\tau)} \left\{ \left[h(t) - \frac{\alpha}{1+\alpha} h(\tau) \right] - B^{\frac{1}{n}}(x) h^{1+\frac{2}{n}}(\tau) \right\} d\tau = 1$$

(5-18)

令:

$$\Phi(t) = \int_0^t \frac{1}{h^{1+2m}(\tau)} \left\{ \left[h(t) - \frac{\alpha}{1+\alpha} h(\tau) \right] - B^{\frac{1}{n}}(x) h^{1+\frac{2}{n}}(\tau) \right\} d\tau \quad (5-19)$$

则:

$$\Phi'(t) = \frac{\mathrm{d}h(t)}{\mathrm{d}t}\int_0^t\left[\frac{1}{h^{1+2m}(\tau)}\right]\mathrm{d}\tau + \bar{\alpha}\,\frac{1}{h^{2m}(t)} - B^{\frac{1}{n}}(x) = 0 \qquad (5\text{-}20)$$

上式再次对时间 t 求导得：

$$\xi\left(\frac{\mathrm{d}h}{\mathrm{d}t}\right)^2 + \left[B^m(x)h^{1+2m} - \bar{\alpha}h\right]\frac{\mathrm{d}^2h}{\mathrm{d}t^2} = 0 \qquad (5\text{-}21)$$

式中，$\xi = 1 - \dfrac{2m}{1+\alpha}$。

解式(5-21)得：

$$\frac{\mathrm{d}h}{\mathrm{d}t} = K\left[\frac{h^{1+2m}}{B^m(x)h^{1+2m} - \bar{\alpha}h}\right]^{\frac{\xi}{2m\alpha}} \qquad (5\text{-}22)$$

K 为积分常数，上述方程的初始条件为：设 t_0 时刻出现损伤，顶板的初始高度为 h_0，即 $h(t_0) = h_0$，代入式(5-20)得：

$$\frac{\mathrm{d}h(t)}{\mathrm{d}t} = \frac{B^m(x)h_0^{1+2m} - \bar{\alpha}h_0}{t_0} \qquad (5\text{-}23)$$

将式(5-20)代入式(5-22)得：

$$K = \frac{\left[B^m(x)h_0^{1+2m} - \bar{\alpha}h_0\right]^{1+\frac{\xi}{2m\alpha}}}{h_0^{\left(\frac{1}{2m}+1\right)\frac{\xi}{\alpha}}t_0} \qquad (5\text{-}24)$$

对式(5-22)求积分得：

$$\frac{t}{t_0(x)} = \frac{h_0^{\left(\frac{1}{2m}+1\right)\frac{\xi}{\alpha}}}{\left[B^m(x)h_0^{1+2m} - \bar{\alpha}h_0\right]^{1+\frac{\xi}{2m\alpha}}}\int_{h_0}^h\left[B^m(x) - \bar{\alpha}h^{-2m}\right]^{\frac{\xi}{2m\alpha}}\mathrm{d}h + 1 \qquad (5\text{-}25)$$

式中，$t_0(x)$ 为任意位置 x 处出现断裂时间。

$$t_0(x) = \left\{a(1+m)\frac{A^m(x)}{h_0^{1+2m}}\left[\bar{\alpha}h_0 - B^m(x^*)h_0^{1+2m}\right]\right\}^{-1} \qquad (5\text{-}26)$$

顶板任一截面的弯矩方程为：

$$M(x) = -\frac{1}{12}qbl^2 + \frac{1}{2}qblx - \frac{1}{2}qbx^2 \qquad (5\text{-}27)$$

由式(5-25)及式(5-27)可求任意截面 x 处损伤终止时间。

若最大有效拉应力 $\bar{\sigma}_{\max} < 0$，损伤将停止发展。定义拉伸区高度 $\beta = h_1(t) - y_0(t)$，将式(5-6)和式(5-9)代入得：

$$\beta = \bar{\alpha}h(t) - B^m(x)h^{1+2m}(t) \qquad (5\text{-}28)$$

5.4.4　数值分析

5.4.4.1　拉压不同模量对顶板损伤的影响

利用 $t = t_0$ 时的初始条件，采用数值方法即可对式(5-21)进行求解。数值分析参数取值见表 5-3。

表 5-3　数值分析参数取值

E_t/GPa	E_c/GPa	n	$K/(\mu Pa/s)$	k_x	h_0/m	l/m	b/m	q/MPa
0.2	3	3	27	0.35	6	15	4	30

　　图 5-21 为初始断裂时间随弹性模量比例系数的变化。由图可见:随着弹性模量比例系数的增大,顶板的受拉区高度减小[见式(5-6)],初始断裂时间 t_0 将缩短。

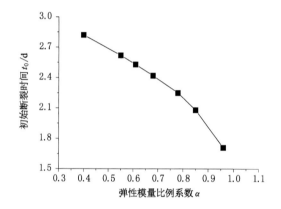

图 5-21　初始断裂时间随弹性模量比例系数的变化

　　定义无量纲有效应力 $\eta_\sigma = \bar{\sigma}/\bar{\sigma}_{max}$,$\bar{\sigma}_{max}$ 为最大有效应力,无量纲时间 $t = t'/t_0$,t' 为任意时刻。α 增大,有效受拉高度将减小,降低了最大有效拉应力,如图 5-22 所示。η_σ 随着 α 的增大而不断减小,而且变化幅度趋于减小。

　　图 5-23 为有效高度随弹性模量比例系数的变化,定义无量纲高度 $\eta_h = h'/h_0$,h' 为任意时刻的有效高度。顶板的有效高度在出现宏观裂纹时刻 t_0 附近下降很快,随着宏观裂纹不断扩展,若增大 α 将使受压区增加,高度变化趋于稳定值,因此不会完全断裂。

5.4.4.2　水平应力对顶板损伤的影响

　　图 5-24 为拉伸区有效高度随水平应力系数的变化。水平应力即为顶板的轴向载荷,将使顶板的中性轴向上偏移。若水平应力系数 $k_x = 0$,轴向力 $F_N = 0$,中性轴偏移量 y_0 为 0,受拉区高度最大,拉伸区有效高度损伤速度最快;若 $k_x > 0$,受拉区高度随 k_x 的增大而明显减小,损伤速率变慢。

　　图 5-25 为初始断裂时间随水平应力系数的变化。由于轴向压力减少了横截面上的最大拉应力,因此延缓了顶板的宏观断裂时间,随着 k_x 的增大,轴向压

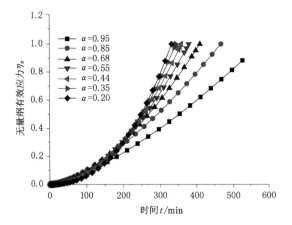

图 5-22　有效应力随弹性模量比例系数的变化

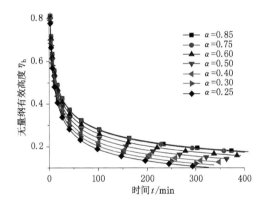

图 5-23　有效高度随弹性模量比例系数的变化

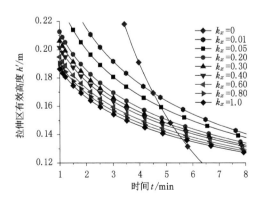

图 5-24　拉伸区有效高度随水平应力系数的变化

力不断增大,初始断裂时间也不断增大,如文献[14]所述,轴向压力将使顶板的破坏区变小。

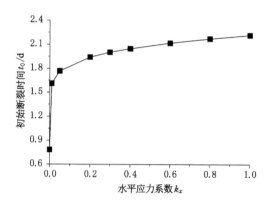

图 5-25 初始断裂时间随水平应力系数的变化

5.4.4.3 损伤因子 D 随时间的变化分析

在断裂孕育阶段,损伤因子随材料参数 m 的变化见图 5-26。随着 m 的增大,损伤因子增长速率加大,由于 $m \leqslant 0.05$,由式(5-12)可知,损伤因子 D 随时间近似呈线性变化。

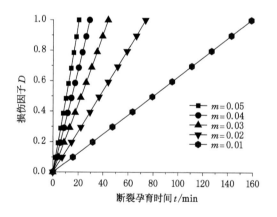

图 5-26 损伤因子随材料参数 m 的变化

图 5-27 为损伤因子随弹性模量比例系数 α 的变化,可见随着 α 的增大,损伤因子增长速率不断减小,顶板高度变化趋于稳定值。

如上所述,m 的取值将影响 D-t 曲线形状。此外,随水平应力系数 k_x 的增大,D 的增长速率逐渐减小,这是因为轴向压力增大使顶板的初始断裂时间增大。

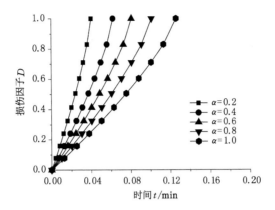

图 5-27　损伤因子随弹性模量比例系数的变化

综上分析,可得到以下结论:

（1）弹性模量的不同导致巷道顶板受拉区高度随水平应力的衰减而增大;当顶板受拉区由断裂孕育阶段发展到断裂扩展阶段时,断裂前缘会不断向受压区移动,且移动速率不断加快,直到顶板整体断裂。为了使顶板两端保持足够水平约束力,目前最有效的施工措施是在巷道横断面顶板两端安装强力锚杆或锚索。这就从理论上说明了顶板锁角锚杆在抑制顶板裂纹扩展、维护巷道顶板稳定方面起到了重要作用。

（2）随着弹性模量比例系数 α 的增大,顶板中的拉应力降低、断裂孕育阶段延长、断裂前缘扩展速率减慢、受拉区高度减小。这意味着提高顶板的抗拉模量是抑制受拉区断裂扩展的有效途径。巷道开挖后,尤其是软岩巷道开挖后,立即进行锚固、挂网、喷浆,及时封闭围岩。喷射水泥砂浆注入围岩表面裂隙内提高了表层的整体性;锚杆（或锚索）加固提高了顶板的整体刚度;挂（钢丝）网直接增强顶板表面的抗张强度,相当于提高了顶板的抗拉模量。可见,喷网锚支护能够有效地增强巷道围岩抗拉模量,增大弹性模量比例系数 α。

（3）随着弹性模量比例系数 α 增大,顶板受压区增大,顶板高度变化趋于稳定值,而不是完全断裂。

5.5　本章小结

本章首先以西部典型矿区巷道结构为原型,建立了两种巷道布置方式的力学分析模型。考虑复合软岩顶板含有软弱岩层以及各软岩交界面黏结强度较低的情况,首先分析了顶板软弱岩层厚度、刚度和强度对巷道稳定性的影响;随后以半煤-半岩巷道为例,分析了不同煤-岩刚度比和强度比对巷道稳定性的影响;最后针对软岩顶板离层弯曲问题,考虑岩体的弹性模量差异以及水平应力影响,建立了顶板的损伤分析模型,并进行了数值求解。所得结论如下:

(1) 半煤-半岩巷道模型和全煤巷道模型顶、底板及两帮的变形具有非协同性。底板位移收敛较快、相对较小;围岩变形以顶板和两帮为主,两者变形具有协同性。相比较而言,半煤-半岩巷道模型的稳定性比全煤巷道模型的稳定性差。

(2) 顶板软弱岩层的厚度和刚度对顶板下沉影响较大,随软弱岩层厚度的增加或刚度的减小,顶板下沉量明显增大,但是软弱岩层强度对顶板变形影响较小;当软弱岩层刚度与周围岩体相近时,刚度对位移的影响趋于稳定。

(3) 当顶板刚度不同时,监测点的垂直位移由初始的"阶跃式"突跳平稳地增长至稳定值。而且距离巷帮越近,监测点的垂直位移越大,位移突跳越明显。这种位移"阶跃式"突跳,可以看作围岩产生非稳定破坏的一种标志。

本章参考文献

[1] 范庆忠,李术才. 岩梁弯曲流变特性的试验研究[J]. 岩土工程学报,2008,30(8):1224-1228.

[2] 刘东燕,孙海涛,张艳. 采动影响下采区上覆岩层层间剪切滑移模型分析[J]. 岩土力学,2010,31(2):609-614.

[3] 王志学,王永岩,李剑光. 采空区悬顶岩梁模型的蠕变分析[J]. 辽宁工程技术大学学报(自然科学版),2007,26(增刊2):83-85.

[4] WANG J A,SHANG X C,MA H T. Investigation of catastrophic ground collapse in Xingtai gypsum mines in China[J]. International journal of rock mechanics and mining sciences,2008,45(8):1480-1499.

[5] CASTELLANZA R,GEROLYMATOU E,NOVA R. An attempt to predict the failure time of abandoned mine pillar[J]. Rock mechanics and rock engineering,2008,41(3):377-401.

[6] 崔继升,张蕊,朱术云,等. 基于损伤理论的煤层顶板破坏机理研究[J]. 能源技术与管理,2011(2):1-3.

[7] 冯龙飞,窦林名,王晓东,等. 回采速度对坚硬顶板运动释放能量的影响机制[J]. 煤炭学报,2019,44(11):3329-3339.

[8] 许兴亮,张农,李桂臣,等. 巷道覆岩关键顶板与预应力承载结构力学效应[J]. 中国矿业大学学报,2008,37(4):560-564.

[9] 卢国志,汤建泉,宋振骐. 传递顶板周期裂断步距与周期来压步距差异分析[J]. 岩土工程学报,2010,32(4):538-541.

［10］陈冬冬,何富连,谢生荣,等.弹性基础边界基本顶板结构周期破断与全区域反弹时空关系［J］.岩石力学与工程学报,2019,38(6):1172-1187.

［11］何富连,陈冬冬,谢生荣.弹性基础边界基本顶薄板初次破断的 kDL 效应［J］.岩石力学与工程学报,2017,36(6):1384-1399.

［12］KLIMEK K,BELCARZ A,PAZIK R. The reasonable breaking location of overhanging hard roof for directional hydraulic fracturing to control strong strata behaviors of gobside entry［J］. International journal of rock mechanics and mining sciences,2018,103:1-11.

［13］余寿文,冯西桥.损伤力学［M］.北京:清华大学出版社,1997.

［14］王渭明,路林海.正交各向异性复合井壁应力变形分析与应用［J］.力学与实践,2009,31(1):52-56.

第6章 考虑应力释放的弱胶结围岩全断面锚固量化模型

锚杆支护是边坡、岩土深基坑等地表工程及隧道、采场等地下硐室施工中普遍采用的一种加固支护方式。锚杆可以施加较大的预紧力,通过围岩内部的锚杆可以改变围岩本身的力学状态,充分利用围岩自身的承载能力,达到维护巷道稳定的目的,因此锚杆支护属于一种主动支护形式,代表了巷道支护的发展方向。本章将从锚杆的锚固效应入手,对围岩的加固机理进行分析,建立加固效应的量化指标。

6.1 巷道开挖过程中的渐进性及约束特性

地下隧道及矿山巷道的开挖是一个渐进式过程,是典型的三维问题;如果再考虑开挖和支护时机不同造成的时间效应,那么其将变为更加复杂的四维问题。巷道开挖扰动将破坏原岩应力场的平衡,导致巷道围岩产生二次应力分布,从而引起围岩力学性能的弱化。对于复杂的三维问题,几乎不可能得到围岩力学响应的封闭解析解。

收敛-约束法考虑了巷道掘进的渐进性及三维特征。通过考察掘进工作面在不断推进过程中对某一特定巷道断面的约束作用释放,来表征三维效应。如图6-1所示,X-X 断面为巷道掘进过程中的任一特定断面,在掘进工作面不断向前推进过程中,对该断面的围岩响应会产生影响。以下分五步加以解释[1]:

第一步,工作面尚未达到 X-X 断面,而且距离该断面较远。该断面所包含的岩体与周围岩体处于平衡状态,因此周边的岩体压力与内部岩体支撑围岩的内压力大小相等,即 $p_i = p_0$,其中 p_i 为断面边界上支护围岩的内压力,p_0 为原岩应力。

第二步,工作面推进并越过 X-X 断面。由于 X-X 断面内部岩体被挖掉,因此向巷道周边提供的支撑压力 $p_i = 0$。虽然 X-X 断面没有支护,但是巷道围岩并不垮塌,这是因为 X-X 断面靠近工作面较近,该位置围岩在一定程度上受到了工作面附近岩石的约束。显然,这种约束作用将随着 X-X 断面与工作面距离

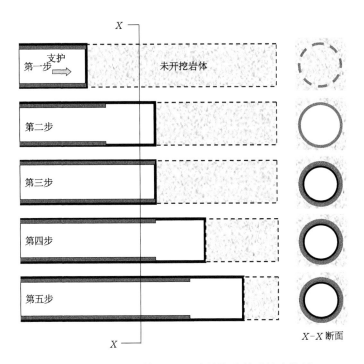

图 6-1　三维巷道掘进过程中的渐进性及约束作用

的增大而减弱。此时，为使位移限定在实际值上就需要内部支撑压力，该值可由图 6-2 中 B 点计算。

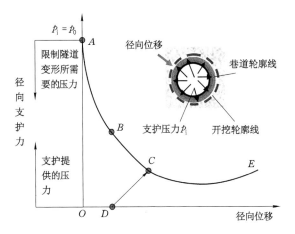

图 6-2　X-X 断面径向支护力-径向位移曲线

第三步，支护架设到工作面跟前。若不考虑时间效应，到这个阶段由于工作面没有往前推进，岩石并未发生进一步的变形，因此支护结构并不受力。此时 X-X 断面顶板的位移仍可由 B 点计算。

第四步，工作面继续向前推进，而且距离 X-X 断面已经很远。此时工作面附近岩石的约束作用变得很弱。因此，X-X 断面围岩将产生进一步的径向位移，导致支护系统受力。支护将沿着 DC 路径施加作用。

第五步，随着工作面的进一步推进，X-X 断面已经超出了工作面的约束作用。此时，支护结构将承受由于围岩径向变形而产生的围岩压力，即第三步中的约束力。围岩与支护系统在 C 点达到最终的平衡状态。

从以上分析来看，工作面岩石对特定断面的约束作用随着两者距离的改变不断发生变化。这种约束作用一方面要限制围岩的收敛变形，另一方面要控制围岩的应力释放（减压），应力释放的过程会造成围岩的力学性能劣化。Gesta 和 Panet 等[2-4]引入应力释放因子的概念来表征这种控制约束作用的损失。

如图 6-3 所示，若不考虑支护作用，掘进工作面对特定断面的空间约束作用可用虚拟的内压力 p_i 来描述，即 $p_i(x) = [1 - \alpha(x)]p_0$，式中 x 表示巷道轴向方向，α 为应力释放因子，显然 α 应是坐标 x 的函数，并且 $0 \leqslant \alpha \leqslant 1$。在远离掘进工作面未受扰动处，$\alpha = 0$，$p_i = p_0$；在掘进工作面后方较远处，掘进工作面约束作用消失，$\alpha = 1$，$p_i = 0$；对于给定的断面 $x = x_1$ 和 $x = x_2$ 处，随着掘进工作面的推进，虚拟内压力将分别呈增大和减小的趋势。

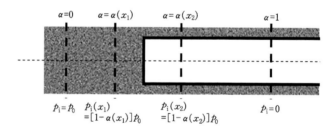

图 6-3　掘进工作面对不同断面的空间约束作用

要确定特定断面的分析模型，最关键的问题是弄清楚应力释放因子随着掘进工作面推进的变化规律。由于围岩的应力释放会使巷道围岩产生径向位移，应力释放因子 α 越大，围岩产生的径向位移越大，因此很多学者将应力释放因子等同于巷道内壁的径向位移 u_r 来分析。对处于原岩应力场的弹性介质，其关系为：

$$\frac{(1 - \alpha)p_0}{p_0} = \frac{u_r^e}{u_\infty^e} \tag{6-1}$$

式中：u_∞^e 为未支护巷道中开挖部分距掘进工作面无穷远处的径向位移；u_r^e 为特定断面由于应力释放产生的径向位移，显然，$\alpha = u_r^e/u_\infty^e$。对于塑性变形，仿照上述定义可得：

$$\alpha = \frac{u_r^p}{u_\infty^p} = \frac{u[(1-\alpha)p_0, R]}{u(0, R)} \tag{6-2}$$

很多研究人员还将上式定义为位移释放率 $u_d = u_r^p/u_\infty^p$，更加体现了工作面对围岩位移的约束作用，其值与应力释放因子是完全相同的。对于复杂的三维巷道开挖问题，很难得到 u_r 和 u_∞ 的封闭解析解，只能采用现场监测或者是数值模拟手段。Brady 等假定地层为弹性介质，得到了静水压力作用下掘进工作面附近应力释放因子的变化规律，如图 6-4 所示。可见，工作面的影响范围为巷道半径的 2.25 倍，离开工作面这个距离处的径向位移在可比较的 5% 平面应变值范围内。

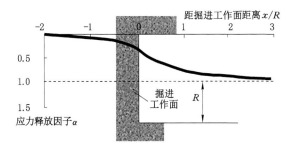

图 6-4 静水压力场中圆形巷道掘进工作面附近应力释放因子分布

此外，Panet 等[5]采用弹性应力分析方法给出了位移释放率的计算公式及修正公式：

$$u_d = 0.28 + 0.72\left[1 - \left(\frac{0.84}{0.84 + x/R}\right)^2\right] \tag{6-3}$$

$$u_{dm} = 0.25 + 0.75\left[1 - \left(\frac{0.75}{0.75 + x/R}\right)^2\right] \tag{6-4}$$

Corbetta 等[6]给出了用指数形式表示的位移释放率公式，即：

$$u_d = 0.29 + 0.71\{1 - \exp[-1.5\,(x/R)^{0.7}]\} \tag{6-5}$$

对于弹塑性地层介质，Chern 等[7]在现场实测数据的基础上，采用最佳拟合方法，建议巷道任一断面径向位移与工作面距离之间的关系采用如下经验公式：

$$u_d = \left[1 + \exp\left(\frac{-x}{1.1R}\right)\right]^{-1.7} \tag{6-6}$$

此外，Panet[8]利用平面应变弹塑性分析得到离开挖面无穷远处的塑性半径 R_p 和位移释放率的表达式；Lee 等[9]通过对巷道监测资料进行归一化分析，也提出了位移释放率的确定公式。通过以上分析可见,采用应力释放因子可将巷道三维开挖问题简化为平面应变问题。如果要得到理论解析解,巷道开挖断面必须为圆形,以能够确定支护安设前巷道壁面的径向位移。相比而言,数值方法能解决更为复杂的问题。

6.2 围岩锚固效应的量化分析

6.2.1 轴对称巷道锚固分析模型

锚杆与围岩的相互作用是一个复杂的三维问题,由于开挖和支护时机不同,要得到锚固作用下围岩的封闭解析解几乎是不可能的,除非采用数值方法。典型的三维巷道锚杆支护模型如图 6-5 所示。

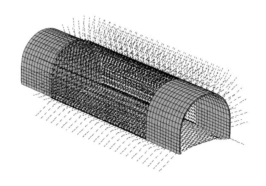

图 6-5　典型的三维巷道锚杆支护模型

作为机理研究,为得到理论解析解,需对三维模型进行简化,设开挖巷道为圆形,并且处于均匀应力场,原岩应力为 σ_0,作如下假设:

(1) 假设锚杆等间隔地布置在巷道表面(每组锚杆的间排距相同);

(2) 每根锚杆的加固区域影响范围为一个间距×一个排距;

(3) 锚杆对围岩的加固作用与其轴力有关,假设每根锚杆轴力均匀分布在其影响区域范围内的围岩中;

(4) 各锚杆对围岩的加固效应没有交叉作用。

本书所研究弱胶结软岩巷道多为浅埋,承受以岩体自重应力为主的初始地应力场,前一条件容易满足。由于弱胶结软岩层较厚,后一条件也可以设定开挖过程中沿硐室轴向的岩性呈分段均一化来近似考虑。因此可将开挖面在纵向的约束效应等效为在环向的虚拟内支撑力,以保持原有三维问题的主要特性即空间效应,而在二维平面应变条件下来讨论这种约束效应对任意断面支护效应的影响。这种降一维的等效模型可称为二维半模型。有研究者已作了充分的论证,表明经如上转换后按二维问题计算的结果与作三维问题计算的结果可以基本一致。如图 6-6 所示,为弱胶结软岩巷道全断面锚固二维半分析模型。从物理意义上讲,将掘进工作面约束效应"等代"地看成对硐周的虚拟支撑力作用较为合理。掘进工作面的存在仅对有限的局部范围内的围岩产生影响。这样,按圣维南原理作类似的解释,掘进工作面的约束可用边界附加的支撑力系束来"等效"。

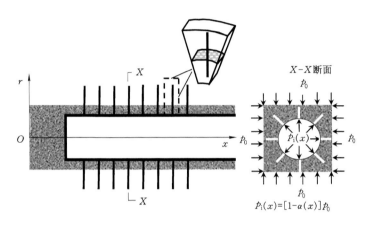

图 6-6　弱胶结软岩巷道全断面锚固二维半分析模型

　　基于以上假设之后,巷道承受的沿轴向的载荷将对称于中心轴,因此该三维问题转化为平面轴对称问题,围岩的力学响应只与径向位置有关。为得到全断面锚固的封闭解析解,假设围岩处于静水压力状态,设锚杆等间隔布置数量为 n_c,排距为 n_a,长度为 L,直径为 a,巷道半径为 R,岩体介质弹性模量为 E,泊松比为 ν,锚杆弹性模量为 E_b。任选一特定断面,设应力释放因子 $\alpha = \alpha^*$ 时,该断面开始进行锚杆支护,此时巷道壁面承受的虚拟内压力为 p^*,该内压力可通过断面的径向位移计算。如果锚杆恰好支护在工作面,地层为弹性介质,则根据 Brady 等的结论,可计算得到 $\alpha^* = 0.3, p^* = 0.7p_0$。应力释放因子在掘空区随着距开挖面距离的增大而不断减小。

6.2.2　锚固效应的量化分析模型

　　以下讨论中假设锚杆和巷道围岩交界面不发生相对滑移剪切破坏,认为锚杆和与之接触的围岩在锚杆长度方向具有相同的位移。为得到量化模型的封闭解析解,假设岩体为弹性介质。

　　设巷道内部虚支撑压力为 p_a,当应力释放因子 $\alpha = \alpha^*$ 时,该断面开始进行锚杆支护,此时巷道壁面承受的虚拟内压力为 p^*。锚杆支护巷道后,锚杆影响区域内的围岩力学响应及其边界条件均发生变化,因此根据支护分布将巷道岩体分为锚固区 Ω_1 和非锚固区 Ω_2 来分析,如图 6-7 所示。图中 p_a 为巷道内部虚支撑压力,σ_r^c 为锚固区和非锚固区交界面的径向应力,σ_0 为原岩应力。采用归一化无量纲长度 $\kappa = R/d$ 来描述径向位置,其中 d 为巷道中心到径向任意位置的距离,则 κ 应满足 $0 \leqslant \kappa \leqslant 1$。显然,当 $\kappa = 1$ 时,即为巷道内壁位置;当 $\kappa = \kappa_c$ 时,即为锚杆的锚固远端位置;当 $\kappa \rightarrow 0$ 时,即为原岩应力区。

当 $\alpha < \alpha^*$ 时,模型无锚杆支护,此时巷道开挖后围岩的力学响应,拉梅在分析厚壁圆筒的轴对称问题时已做过解答;当 $\alpha = \alpha^*$ 时,锚杆安设,为此锚杆支护的初始状态为:巷道内壁支撑压力为 p^*,锚固区和非锚固区交界面径向应力为 σ_r^{c0},原岩应力为 σ_0。由于锚杆的加固作用将改变锚固区围岩的应力状态,并且使锚固区的边界应力发生变化,设其边界条件改变为:巷道内壁支撑压力改变量为 $\Delta p = p_a - p^*$,锚固区和非锚固区交界面径向应力改变量为 $\Delta \sigma_r^c = \sigma_r^c - \sigma_r^{c0}$,原岩应力改变量为 0。因此,对于图 6-7 的力学模型总响应可利用叠加原理分解为初始状态响应与增量响应之和,分解模型如图 6-8 所示。

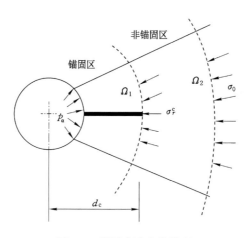

图 6-7　锚固巷道力学模型

6.2.2.1　锚杆支护前锚固区和非锚固区的力学响应

根据拉梅解,若忽略开挖前岩体中产生的位移量,则平面应变轴对称问题的物理方程可改写为[10]:

$$\begin{cases} \sigma_r - \sigma_0 = 2G[\varepsilon_r + \xi(\varepsilon_r + \varepsilon_\theta)] \\ \sigma_\theta - \sigma_0 = 2G[\varepsilon_\theta + \xi(\varepsilon_r + \varepsilon_\theta)] \end{cases} \tag{6-7}$$

式中:σ_r,σ_θ 分别为岩体的径向应力和切向应力;$G = E/2(1+\nu)$,为岩体的剪切弹性模量;$\xi = \nu/(1-2\nu)$。

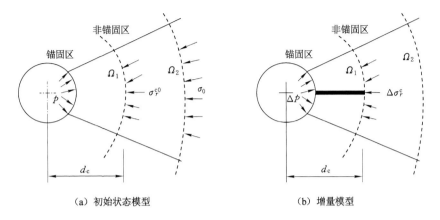

图 6-8 锚固巷道围岩力学分析模型分解

采用归一化无量纲长度 κ 来描述径向位置，几何方程可改写为：

$$\begin{cases} \varepsilon_r = -\dfrac{\kappa^2}{R}\dot{u}_r \\[2mm] \varepsilon_\theta = \dfrac{\kappa}{R}u_r \end{cases} \tag{6-8}$$

式中：ε_r 和 ε_θ 分别为围岩的径向应变和切向应变；u_r 为径向位移；$\dot{u}_r = \mathrm{d}u_r/\mathrm{d}\kappa$，为径向位移对无量纲长度 κ 的一阶导数。

平衡微分方程改写为：

$$\frac{\mathrm{d}\sigma_r}{\mathrm{d}\kappa} - \frac{\sigma_r - \sigma_\theta}{\kappa} = 0 \tag{6-9}$$

联立式(6-7)～式(6-9)可得到如下用位移表示的岩体平衡方程：

$$\kappa^2 \ddot{u}_r + \kappa \dot{u}_r - u_r = 0 \tag{6-10}$$

式(6-10)为欧拉方程，通过设置中间变量求得其通解为：

$$u_r = A_1\kappa + \frac{A_2}{\kappa} \tag{6-11}$$

式中，A_1，A_2 为积分常数，由于 Ω_1 和 Ω_2 两个区的边界条件不同，因此上式中的积分常数求解结果也不同。对于 Ω_1 区，边界条件为：

$$\begin{cases} \sigma_r = p^*, & \kappa = 1 \\ \sigma_r = \sigma_r^{c0}, & \kappa = \kappa_c \end{cases}$$

利用上述边界条件可求得 Ω_1 区岩体的应力和位移解为：

$$\sigma_{r\theta}^{\Omega_1} = \frac{\sigma_r^{c0}(1-\kappa^2) + p^*(\kappa^2 - \kappa_c^2)}{1 - \kappa_c^2} \tag{6-12}$$

$$\sigma_{\theta 0}^{\Omega_1} = \frac{\sigma_r^{c0}(1+\kappa^2) - p^*(\kappa^2 + \kappa_c^2)}{1 - \kappa_c^2} \tag{6-13}$$

$$u_{r0}^{\Omega_1} = \frac{R}{2G(1-\kappa_c^2)} \left[(\sigma_r^{c0} - p^*)\kappa + \frac{(\sigma_0 - p^*)\kappa_c^2 + (\sigma_r^{c0} - \sigma_0)}{\kappa(1+2\xi)} \right] \tag{6-14}$$

同理利用 Ω_2 区的边界条件：

$$\begin{cases} \sigma_r = \sigma_r^{c0}, & \kappa = \kappa_c \\ \sigma_r = \sigma_0, & \kappa = 0 \end{cases}$$

可求得 Ω_2 区的应力和位移解为：

$$\sigma_{r0}^{\Omega_2} = \left[1 - \left(\frac{\kappa}{\kappa_c}\right)^2 \right]\sigma_0 + \left(\frac{\kappa}{\kappa_c}\right)^2 \sigma_r^{c0} \tag{6-15}$$

$$\sigma_{\theta 0}^{\Omega_2} = \left[1 + \left(\frac{\kappa}{\kappa_c}\right)^2 \right]\sigma_0 - \left(\frac{\kappa}{\kappa_c}\right)^2 \sigma_r^{c0} \tag{6-16}$$

$$u_{r0}^{\Omega_2} = \frac{R(\sigma_0 - \sigma_r^{c0})}{2G} \cdot \frac{\kappa}{\kappa_c^2} \tag{6-17}$$

利用位移连续性条件 $u_{r0}^{\Omega_1} = u_{r0}^{\Omega_2}$，联立式(6-14)和式(6-17)可得 Ω_1 和 Ω_2 两个区交界面的径向应力为：

$$\sigma_r^{c0} = (1 - \kappa_c^2)\sigma_0 + p^*\kappa_c^2 \tag{6-18}$$

实际上将式(6-18)代入式(6-12)～式(6-17)可得到与拉梅解相同的解答，在两个区的应力和位移具有相同的表达形式，即：

$$\begin{cases} \sigma_{r0} = (1-\kappa^2)\sigma_0 + \kappa^2 p^* \\ \sigma_{\theta 0} = (1+\kappa^2)\sigma_0 - \kappa^2 p^* \\ u_{r0} = \frac{R(\sigma_0 - p^*)}{2G}\kappa \end{cases} \tag{6-19}$$

6.2.2.2 锚杆支护后锚固区和非锚固区的力学响应

由图 6-8(b)可知，锚杆支护后，对锚固区围岩应力会产生影响，同时改变其边界条件，增量模型的求解边界条件为：

$$\begin{cases} \sigma_r^* = \Delta p = p_a - p*, & \kappa = 1 \\ \sigma_r^* = \sigma_r^c - \sigma_r^{c0}, & \kappa = \kappa_c \\ \sigma_r = 0, & \kappa = 0 \end{cases} \tag{6-20}$$

式中，σ_r^* 为锚固区内围岩的径向应力，σ_r 为远场径向应力。

根据 6.2.1 节中假设(3)，锚杆对锚固区围岩的影响等效为其轴力均匀分布在影响区范围内，将会使锚固区围岩径向应力增加。图 6-9 所示为一根锚杆影响区模型。设任一径向位置 d 处，锚杆的轴向应变为 ε_m，若考虑施加在锚杆上的预应力 σ_T，则锚杆轴力为：

$$F_N = (E_m\varepsilon_m + \sigma_T) \cdot A_m \tag{6-21}$$

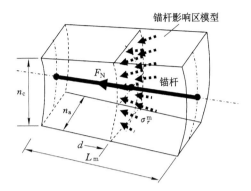

图 6-9　锚杆在锚固区围岩中的影响区模型

式中，A_m 为锚杆的横截面积。

这样，锚杆对该区围岩施加的径向应力等效为：

$$\sigma_r^m = \frac{F_N}{\frac{2\pi}{n_c}dn_a} = (E_m\varepsilon_m + \sigma_T) \cdot A_m \frac{n_c}{2\pi dn_a} \tag{6-22}$$

令 $\lambda_s = \dfrac{E_m}{2G}$，其物理含义为锚杆与围岩的刚度比；$\lambda_q = \dfrac{n_c A_m}{2\pi R n_a}$，其物理含义

为锚杆总面积与巷道内壁影响区面积之比，与支护密度有关。假设锚固体与围岩之间没有剪切滑动破坏，两者应满足变形协调条件 $\varepsilon_r = \varepsilon_m$，将式(6-8)代入可得锚杆锚固作用派生的径向应力为：

$$\sigma_r^m = -\frac{2G\lambda_s\lambda_q}{R}\kappa^3\dot{u}_r + \lambda_q\kappa\sigma_T \tag{6-23}$$

由于围岩径向应力增加了 σ_r^m，因此在锚固区的平衡方程变为：

$$\frac{d(\sigma_r + \sigma_r^m)}{d\kappa} - \frac{\sigma_r + \sigma_r^m - \sigma_\theta}{\kappa} = 0 \tag{6-24}$$

物理方程中不再考虑未开挖前的影响，改为：

$$\begin{cases} \sigma_r = 2G[\varepsilon_r + \xi(\varepsilon_r + \varepsilon_\theta)] \\ \sigma_\theta = 2G[\varepsilon_\theta + \xi(\varepsilon_r + \varepsilon_\theta)] \end{cases} \tag{6-25}$$

联立式(6-8)、式(6-23)和式(6-25)，平衡方程(6-24)可改写为：

$$\ddot{u}_r + \frac{\Theta + 2\kappa}{\Theta + \kappa} \cdot \frac{\dot{u}_r}{\kappa} - \frac{\Theta}{\Theta + \kappa} \cdot \frac{u_r}{\kappa^2} = 0 \tag{6-26}$$

式中，$\Theta = \dfrac{1 + \xi}{\lambda_s\lambda_q}$。

与无锚杆时围岩的平衡方程(6-10)相比，上式增加了与锚杆支护密度和支

护刚度有关的系数。上述方程的通解为：

$$\Delta u_r(\kappa) = B_1\Theta\left[1 - \frac{\Theta}{\kappa}\ln\left(\frac{\Theta+\kappa}{\Theta}\right)\right] + \frac{B_2}{\kappa} \tag{6-27}$$

式中，B_1，B_2 为积分常数，可利用增量模型的边界条件求解。由于 Ω_1 和 Ω_2 两个区的边界条件不同，因此式（6-27）中的积分常数求解结果也不同。为了与未锚固前的力学量相区别，在增量模型下求解的力学量前面统一加 Δ 符号。

对式（6-27）求一阶导数得：

$$\Delta \dot{u}_r(\kappa) = B_1\Theta\left[1 + \frac{\Theta}{\kappa^2}\ln\left(\frac{\Theta+\kappa}{\Theta}\right) - \frac{\Theta}{\kappa(\Theta+\kappa)}\right] - \frac{B_2}{\kappa^2} \tag{6-28}$$

将几何方程代入式（6-25）得到用位移表示的物理方程：

$$\Delta\sigma_r^{\Omega_1} = \frac{2G\xi}{R}\kappa\Delta u_r - \frac{2G(1+\xi)}{R}\kappa^2\Delta\dot{u}_r \tag{6-29}$$

$$\Delta\sigma_\theta^{\Omega_1} = \frac{2G(1+\xi)}{R}\kappa\Delta u_r - \frac{2G\xi}{R}\kappa^2\Delta\dot{u}_r \tag{6-30}$$

当 $\kappa=1$ 时，$\sigma_r(1) + \sigma_r^m(1) = \Delta p = p_a - p^*$；当 $\kappa = \kappa_c$ 时，$\sigma_r(\kappa_c) + \sigma_r^m(\kappa_c) = \sigma_r^c - \sigma_r^{c0}$。利用该边界条件求得：

$$\Delta u_r^{\Omega_1} = \frac{R}{G}\left\{\left[1 - \frac{\Theta}{\kappa}\ln\left(1 + \frac{\kappa}{\Theta}\right)\right]\frac{(\psi_1\sigma_0 + \psi_2 p^* + \psi_3\sigma_T + \psi_4 p_a) + \psi_5\sigma_r^c}{\psi_0} - \right.$$
$$\left. \frac{\Theta}{2\kappa}\frac{(\psi_6\sigma_0 + \psi_7 p^* + \psi_8\sigma_T + \psi_9 p_a) + \psi_{10}\sigma_r^c}{\psi_0}\right\} \tag{6-31}$$

式中：

$$\psi_0 = -2(1+\xi)(1+2\xi)^2(1-\kappa_c) - 2(1+\xi)^2(1+2\xi+\lambda_s\lambda_q)$$
$$\frac{(1+2\xi+\lambda_s\lambda_q\kappa_c)}{\lambda_s\lambda_q}\ln\left(\frac{\Theta+\kappa_c}{\Theta+1}\right),$$

$$\psi_1 = -(1+\xi)(1+2\xi+\lambda_s\lambda_q)(1-\kappa_c^2),$$

$$\psi_2 = (1+\xi)(1+2\xi)(1-\kappa_c^2)\lambda_s\lambda_q(1+\xi)(1-\kappa_c)\kappa_c,$$

$$\psi_3 = \lambda_q(1+\xi)(1+2\xi)(1-\kappa_c),$$

$$\psi_4 = -(1+\xi)(1+2\xi+\lambda_s\lambda_q\kappa_c),$$

$$\psi_5 = (1+\xi)(1+2\xi+\lambda_s\lambda_q),$$

$$\psi_6 = -2\lambda_s\lambda_q(1+2\xi)(1-\kappa_c^2) + 2(1+\xi)(1+2\xi+\lambda_s\lambda_q)(1-\kappa_c^2)\ln\left(\frac{\Theta+1}{\Theta}\right),$$

$$\psi_7 = 2\lambda_s\lambda_q(1+2\xi)(1-\kappa_c)\kappa_c + 2(1+\xi)(1+2\xi+\lambda_s\lambda_q)\kappa_c^2\ln\left(\frac{\Theta+1}{\Theta}\right) -$$
$$2(1+\xi)(1+2\xi+\lambda_s\lambda_q\kappa_c)\ln\left(\frac{\Theta+\kappa_c}{\Theta}\right),$$

$$\psi_8 = 2\lambda_q(1+\xi)(1+2\xi+\lambda_s\lambda_q)\kappa_c\ln\left(\frac{\Theta+1}{\Theta}\right) - 2\lambda_q(1+\xi)(1+2\xi+\lambda_s\lambda_q\kappa_c)$$
$$\ln\left(\frac{\Theta+\kappa_c}{\Theta}\right),$$

$$\psi_9 = -2\lambda_s\lambda_q(1+2\xi)\kappa_c\frac{p_a}{\sigma_0} + 2(1+\xi)(1+2\xi+\lambda_s\lambda_q\kappa_c)\ln\left(\frac{\Theta+\kappa_c}{\Theta}\right),$$

$$\psi_{10} = 2\lambda_s\lambda_q(1+2\xi) - 2(1+\xi)(1+2\xi+\lambda_s\lambda_q)\ln\left(\frac{\Theta+1}{\Theta}\right)$$

将式(6-31)取一阶导数得：

$$\Delta\dot{u}_r^{\Omega_1} = \frac{R}{G}\left\{-\left[\frac{\Theta}{\kappa(\Theta+\kappa)} - \frac{\Theta}{\kappa^2}\ln\left(1+\frac{\kappa}{\Theta}\right)\right]\frac{(\psi_1\sigma_0 + \psi_2 p^* + \psi_3\sigma_T + \psi_4 p_a) + \psi_5\sigma_r^c}{\psi_0} + \right.$$
$$\left.\frac{\Theta}{2\kappa^2}\frac{(\psi_6\sigma_0 + \psi_7 p^* + \psi_8\sigma_T + \psi_9 p_a) + \psi_{10}\sigma_r^c}{\psi_0}\right\} \tag{6-32}$$

将式(6-31)和式(6-32)分别代入式(6-29)和式(6-30)可得锚固区的应力解。由式(6-21)可得锚固区锚杆产生的轴向应力为：

$$\sigma_N = -E_m\frac{\kappa^2}{R}\Delta\dot{u}_r^{\Omega_1} + \sigma_T \tag{6-33}$$

对于增量模型中非锚固区,利用边界条件：

$$\begin{cases} \sigma_r(\kappa_c) + \sigma_r^m(\kappa_c) = \sigma_r^c - \sigma_r^{c0}, & \kappa = \kappa_c \\ \sigma_r = 0, & \kappa = 0 \end{cases}$$

联立式(6-28)~式(6-31),可得该区的应力解为：

$$\begin{cases} \Delta\sigma_r^{\Omega_2} = \left(\sigma_0 - p^* - \frac{\sigma_0 - \sigma_r^c}{\kappa_c^2}\right)\kappa^2 \\ \Delta\sigma_\theta^{\Omega_2} = \left(\frac{\sigma_0 - \sigma_r^c}{\kappa_c^2} + p^* - \sigma_0\right)\kappa^2 \end{cases} \tag{6-34}$$

位移解为：

$$\Delta u_r^{\Omega_2} = \frac{R}{2G}\left(\frac{\sigma_0 - \sigma_r^c}{\kappa_c^2} + p^* - \sigma_0\right)\kappa \tag{6-35}$$

利用锚固区和非锚固区的位移边界条件 $\Delta u_r^{\Omega_1} = \Delta u_r^{\Omega_2}$,解得两个区交界面的径向应力为：

$$\sigma_r^c = \frac{K_1\sigma_0 + K_2 p^* + K_3\sigma_T + K_4 p_a}{K_0} \tag{6-36}$$

式中：

$$K_0 = \psi_0 - \psi_{10}\Theta + 2\psi_5\kappa_c - 2\psi_5\ln\left(1+\frac{\kappa_c}{\Theta}\right)^\Theta,$$

$$K_1 = \psi_0(1-\kappa_c^2) + \psi_6\Theta - 2\psi_1\kappa_c + 2\psi_1\ln\left(1+\frac{\kappa_c}{\Theta}\right)^\Theta,$$

$$K_2 = \psi_7 \Theta + \psi_0 \kappa_c^2 - 2\psi_2 \kappa_c + 2\psi_2 \ln\left(1 + \frac{\kappa_c}{\Theta}\right)^\Theta,$$

$$K_3 = \psi_8 \Theta - 2\psi_3 \kappa_c + 2\psi_3 \ln\left(1 + \frac{\kappa_c}{\Theta}\right)^\Theta,$$

$$K_4 = \psi_9 \Theta - 2\psi_4 \kappa_c + 2\psi_4 \ln\left(1 + \frac{\kappa_c}{\Theta}\right)^\Theta$$

6.2.2.3　锚杆支护后锚固区和非锚固区的力学响应

根据叠加原理,当巷道内壁虚设压力 $p_a \leqslant p^*$ 时,即锚杆支护后,锚固区内的力学量解应该为图 6-8 中两种边界条件下解的叠加。为此,锚固区径向应力为:

$$\sigma_r^{\Omega_1} = \sigma_{r0}^{\Omega_1} + \Delta\sigma_r^{\Omega_1} = (1-\kappa^2)\sigma_0 + \kappa^2 p^* + \frac{2G\xi}{R}\kappa\Delta u_r^{\Omega_1} - \frac{2G(1+\xi)}{R}\kappa^2 \Delta\dot{u}_r^{\Omega_1}$$

$$(6\text{-}37)$$

切向应力为:

$$\sigma_\theta^{\Omega_1} = \sigma_{\theta0}^{\Omega_1} + \Delta\sigma_\theta^{\Omega_1} = (1+\kappa^2)\sigma_0 - \kappa^2 p^* + \frac{2G(1+\xi)}{R}\kappa\Delta u_r^{\Omega_1} - \frac{2G\xi}{R}\kappa^2 \Delta\dot{u}_r^{\Omega_1}$$

$$(6\text{-}38)$$

径向位移为:

$$u_r^{\Omega_1} = u_{r0} + \Delta u_r^{\Omega_1} = \frac{R(\sigma_0 - p^*)}{2G}\kappa + \Delta u_r^{\Omega_1} \qquad (6\text{-}39)$$

非锚固区应力为:

$$\sigma_r^{\Omega_2} = \sigma_{r0}^{\Omega_2} + \Delta\sigma_r^{\Omega_2} = \frac{(K_0 \kappa_c^2 - K_0 + K_1)\sigma_0 + K_2 p^* + K_3 \sigma_T + K_4 p_a \kappa^2}{K_0 \kappa_c^2}$$

$$(6\text{-}40)$$

$$\sigma_\theta^{\Omega_2} = \sigma_{\theta0}^{\Omega_2} + \Delta\sigma_\theta^{\Omega_2} = \frac{(K_0 \kappa_c^2 + K_0 - K_1)\sigma_0 - K_2 p^* - K_3 \sigma_T - K_4 p_a \kappa^2}{K_0 \kappa_c^2}$$

$$(6\text{-}41)$$

径向位移为:

$$u_r^{\Omega_2} = u_{r0} + \Delta u_r^{\Omega_2} = \frac{R}{2G}\frac{(K_0 - K_1)\sigma_0 - K_2 p^* - K_3 \sigma_T - K_4 p_a}{K_0 \kappa_c^2} \qquad (6\text{-}42)$$

式(6-37)~式(6-42)中, $p^* = (1-\alpha^*)\sigma_0$, α^* 为锚杆支护时巷道的应力释放因子,且 $p_a \leqslant p^*$,可见,锚杆支护对锚固区和非锚固区应力、位移均有影响,锚杆的支护时机因子不同,即应力释放因子不同,其产生的锚固效应也会发生变化。以下将进行详细分析。

6.2.2.4　锚杆支护后围岩的起塑条件

式(6-37)和式(6-38)中令 $\kappa = 1$ 即为巷道内壁的应力解,分别记为 σ_r^S 和 σ_θ^S。

假定围岩满足莫尔-库仑屈服条件,则其起塑条件为:

$$\sigma_\theta^S = A_\varphi \sigma_r^S + B \tag{6-43}$$

式中,$A_\varphi = (1 + \sin\varphi)/(1 - \sin\varphi)$,$B = 2C\cos\varphi/(1 - \sin\varphi)$,$\varphi$ 和 C 分别为围岩的内摩擦角和黏聚力。

6.3 锚杆对围岩的加固效应解析

6.3.1 锚杆对围岩力学响应的影响

表 6-1 锚杆和岩体的物理参数

锚杆	岩体
$E_m = 200$ GPa	$E_r = 0.3$ GPa
$\nu_m = 0.2$	$\nu_r = 0.25$
$L = 3$ m	$R = 2$ m
$n_c = 20$	$\sigma_0 = 1$ MPa
$n_b = 0.5$ m	$\alpha^* = 0.4$

假设锚杆为全长黏结,圆形巷道开挖后,当应力释放因子 $\alpha^* = 0.4$ 时进行锚杆支护,为比较锚固前后围岩力学响应的变化,在利用式(6-39)和式(6-42)计算巷道位移时,不考虑锚杆支护前的初始位移 u_{r0},暂不考虑锚杆预应力的影响,设 $\sigma_T = 0$。锚杆和岩体的物理参数见表 6-1。

图 6-10 为加锚杆前后围岩的应力响应。从结果来看,锚杆支护前后,围岩在锚固区的应力发生了明显变化。锚固后的径向应力明显大于锚固前的径向应力,说明锚杆的轴力分布在作用区域后对围岩具有围压效应,可提高其整体强度;在锚固区,支护后的切向应力与锚固前基本无变化;在非锚固区,支护后的应力解与无锚杆时的拉梅解基本相同。

图 6-11 为加锚杆前后围岩的位移响应。未锚固径向位移采用式(6-14)计算得到,锚固后的径向位移利用式(6-42)计算得到。锚杆支护后巷道围岩位移明显减少,尤其以锚固区位移变化更显著。巷道位移减少量与到巷道内壁的距离成反向变化趋势,在巷道内壁,位移减少得最明显。

6.3.2 锚杆轴力变化规律及影响因素

从式(6-33)来看,锚杆轴力与预应力、原岩应力、围岩力学参数和锚杆材质参数均有关。由于锚杆具有强度极限,进入屈服状态后将无法正常工作,因此在

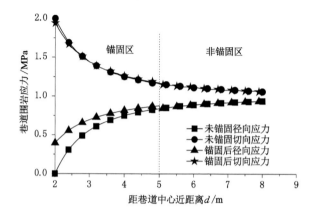

图 6-10　加锚杆前后围岩的应力响应

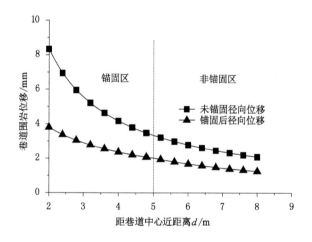

图 6-11　加锚杆前后围岩的位移响应

施加预应力时并不是越大越好,预应力的确定应当与锚杆和围岩的相关力学参数存在匹配关系,以保证锚杆产生的轴向应力在其安全工作范围内。假设锚杆的屈服极限 $\sigma_s = 700$ MPa,取其安全系数为 $n = 1.5$,则锚杆能承载的最大轴向应力为:

$$\sigma_{n\max} = \frac{\sigma_s}{n} \approx 467(\text{MPa}) \tag{6-44}$$

即在一定的预应力和材质参数匹配下,锚杆中能承受的最大应力约为467 MPa。

为进一步说明该问题,作者绘制了考虑锚杆承载力时围岩刚度与锚杆预应力的匹配曲线(图 6-12)。在一定的围岩刚度下,在式(6-33)中令 $\sigma_N = 467$ MPa,并且 $\kappa = 1$,即可求得锚杆可以施加的最大预应力,以此获得一个数据点,以此类推,通过改变围岩刚度,可求得其他的数据点。为此,图中各数据点代表了为保证锚杆安全工作,在一定的围岩刚度下,锚杆可以施加的最大预应力。利用相同的方法,也可以求得其他参数之间的匹配关系。由于假设压应力为正,因此图中负值应力即代表拉应力。

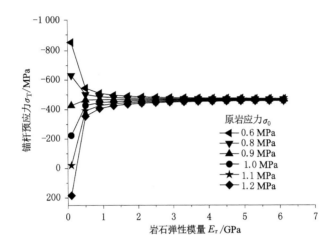

图 6-12　考虑锚杆承载力时围岩刚度与锚杆预应力的匹配曲线

当围岩弹性模量 $E_r \leqslant 0.5$ GPa 时,预应力的极限值 σ_{Tmax} 随 E_r 和原岩应力 σ_0 变化较敏感。当原岩应力 $\sigma_0 \leqslant 0.9$ MPa,预应力的极限值 σ_{Tmax} 随围岩弹性模量 E_r 的增大而变小;反之,当原岩应力 $\sigma_0 > 0.9$ MPa 时,预应力的极限值 σ_{Tmax} 随围岩弹性模量 E_r 的增大而增大;当围岩弹性模量 $E_r > 0.5$ GPa 时,预应力的极限值 σ_{Tmax} 基本保持稳定,随围岩弹性模量 E_r 和原岩应力 σ_0 的变化不敏感;此外,原岩应力 $\sigma_0 > 1.2$ MPa 时,预应力的极限值 σ_{Tmax} 出现了正值,即预应力为压应力,这表明锚杆在不施加预应力的情况下也能达到屈服极限。以上分析结果表明,由于软岩刚度较小,因此锚杆预应力的极限值 σ_{Tmax} 对软岩的刚度更加敏感,另一方面也说明软岩中锚杆的轴向应力变化更明显。软岩中锚杆的预应力损失比在硬岩中更严重。

图 6-13 为 $E_r = 0.5$ GPa,$\sigma_0 = 1.2$ MPa 时,不同预应力下锚杆的轴向应力变化规律。可见,不同预应力下,锚杆的轴向应力均为拉应力,而且 σ_n 最大值均出现在巷道内壁,并且随着距巷道中心位置的增大而减小,这种减小趋势随着预应力的增加而趋于平缓。但是,值得注意的是,由图 6-13 可知,当 $E_r = 0.5$ GPa,

$\sigma_0 = 1.2$ MPa 时,锚杆可施加的极限预应力为 $\sigma_{\text{Tmax}} = -354$ MPa,因此,若施加的预应力超过该极限值,锚杆将出现拉伸屈服。当施加的预应力分别为 400 MPa 和 450 MPa 时,锚杆中出现了轴向应力位于屈服临界线以上的区域,即拉伸屈服区,而且该区域随着预应力的增加会变大。

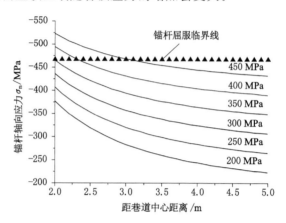

图 6-13　不同预应力下锚杆的轴向应力变化规律

6.3.3　锚杆锚固效应的量化指标分析

从图 6-10 和图 6-11 的结果来看,锚杆支护后将直接影响围岩的位移和应力响应,因此锚杆锚固效应的量化指标可利用锚固前后锚固区内力学响应的相对变化量来度量。图 6-14 为图 6-10 和图 6-11 中锚固区锚固前后的力学响应得到的变化图,图 6-14(a)中阴影部分为锚固前后径向应力变化量,图 6-14(b)中阴影部分为锚固前后径向位移变化量,由于切向应力变化不明显,因此未给出其变化量曲线图。锚固效应的量化指标可采用锚固范围内围岩力学响应的平均相对变化率来定义。设锚固区为 Ω_1,则径向应力的量化指标可定义为:

$$Y_1(\sigma_r) = \frac{\int_1^{\kappa_c} \sigma_r^{\Omega_1}\, \mathrm{d}\kappa - \int_1^{\kappa_c} \sigma_{r0}\, \mathrm{d}\kappa}{\int_1^{\kappa_c} \sigma_{r0}\, \mathrm{d}\kappa} \tag{6-45}$$

式(6-45)表示图 6-14(a)中径向应力变化量(阴影部分)与原径向应力围成面积的比值。实际上,若将式(6-45)中分子、分母分别除以锚固区径向距离(即锚杆长度),该式还表示沿锚固区单位长度径向距离内应力变化量与原平均单位长度径向应力的比值。

同样地,切向应力变化量的量化指标可定义为:

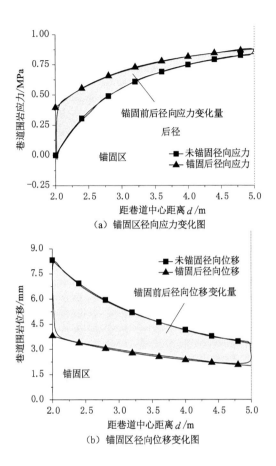

（a）锚固区径向应力变化图

（b）锚固区径向位移变化图

图 6-14　锚固区围岩的力学响应增量

$$Y_2\left(\sigma_\theta\right)=\frac{\displaystyle\int_1^{\kappa_c}\sigma_\theta^{\Omega_1}\,\mathrm{d}\kappa-\int_1^{\kappa_c}\sigma_{\theta 0}\,\mathrm{d}\kappa}{\displaystyle\int_1^{\kappa_c}\sigma_{\theta 0}\,\mathrm{d}\kappa} \tag{6-46}$$

锚固前后围岩位移变化量的量化指标可定义为：

$$Y_3\left(u_r\right)=\frac{\displaystyle\int_1^{\kappa_c}u_{r0}\,\mathrm{d}\kappa-\int_1^{\kappa_c}u_r^{\Omega_1}\,d\kappa}{\displaystyle\int_1^{\kappa_c}u_{r0}\,\mathrm{d}\kappa} \tag{6-47}$$

利用 MATLAB 编程可考察量化指标 Y_1，Y_2，Y_3 随围岩和锚杆各力学参数的变化规律。图 6-15 为围岩弹性模量对锚固效应量化指标的影响，其中原岩应力 $\sigma_0 = 1$ MPa。可见，锚固效应下径向应力的量化指标 Y_1 随着围岩弹性模量的增加而不断减小,当 $E_r=1$ GPa 时趋于平缓;相比而言,量化指标 Y_3 虽然也随着围岩弹性模量的增加而不断减小,但是变化较缓慢,最后趋于稳定;由于切向应力的变化不明显,因此量化指标 Y_2 趋于水平线。从量化指标分布来看,锚杆对软岩的应力和位移改变比对硬岩的应力和位移改变更加显著。

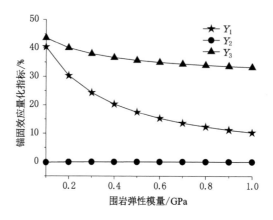

图 6-15　围岩弹性模量对锚固效应量化指标的影响

由于锚杆弹性模量增加对锚固效应指标影响不明显,因此未给出变化规律图。图 6-16 为 $E_r=0.5$ GPa, $\sigma_0=1$ MPa 时,锚杆预应力对锚固效应量化指标的影响。量化指标 Y_1 相比其他两个量化指标变化更明显, Y_3 次之, Y_2 趋于零。

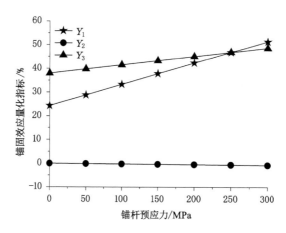

图 6-16　锚杆预应力对锚固效应量化指标的影响

6.3.4　锚杆支护对围岩塑性区的控制作用

设支护参数 $\lambda = \lambda_s \lambda_q = \dfrac{E_m}{2G} \dfrac{n_c A_m}{2\pi R n_a}$，则 λ 综合反映了锚杆支护密度和支护刚度的影响。利用式(6-43)可得到 λ 与围岩进入塑性屈服状态的变化关系，令：

$$f = \sigma_\theta^S - A_\varphi \sigma_r^S - B \tag{6-48}$$

则当 $f = 0$ 时围岩将进入屈服状态，由此要控制围岩处于弹性变形所需的临界支护参数 λ_{cr}。令围岩的黏聚力 $C = 0.5$ MPa，原岩应力 $\sigma_0 = 5$ MPa，其他物理参数见表 6-1。

图 6-17 给出了不同内摩擦角下屈服函数随支护参数 λ 的变化。在不同内摩擦角下，屈服函数均随支护参数的增大而减小。在特定内摩擦角下，当 $f = 0$ 时，对应的支护参数即为使围岩处于弹性状态的临界值。如图 6-17 中星号所示，内摩擦角从 $25° \sim 50°$ 变化时，临界支护参数 λ_{cr} 分别为 $5.79, 2.47, 1.37$，$0.781, 0.456, 0.26$。当内摩擦角为 $20°$ 时，锚固支护已无法控制其塑性区的发展。值得注意的是，λ_{cr} 的取值与原岩应力 σ_0 有关。

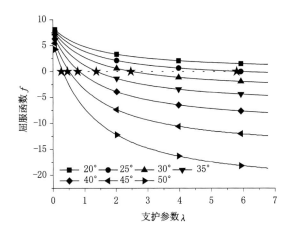

图 6-17　不同内摩擦角下屈服函数随支护参数 λ 的变化

6.4　本章小结

（1）考虑巷道开挖的渐进性以及掘进工作面对巷道围岩的限制作用，引入应力释放因子 α 来表征该效应，并讨论了该因子的计算方法。

（2）将围岩简化为弹性介质，假设锚杆与围岩之间无相对位移（无剪切滑动破坏),建立了均匀应力场作用下圆形巷道的锚固力学模型,给出了锚固区和非锚固区围岩的应力和位移解析式以及锚杆轴力的计算方法。

(3)锚杆锚固效应的直接表现是对锚固区(锚杆长度范围内)内围岩径向应力的增加和对巷道位移的控制,而在非锚固区,径向应力与不考虑锚杆作用下的拉梅解是相同的,但位移解有差别。锚固作用下的围岩切向应力和无锚固作用下的围岩切向应力的拉梅解基本相同。

(4)考虑到锚杆的锚固效应主要表现在锚固区内,为此以围岩的应力和位移在锚固区内锚固前后的平均相对变化量来衡量锚固效应,建立了三个量化指标。

(5)分析了考虑锚杆承载力时预应力与围岩弹性模量的匹配关系,结果表明软岩中锚杆的预应力损失比硬岩中锚杆的预应力损失更加严重。本书模型可为分析低应力水平下软岩巷道锚杆的锚固效应及围岩稳定性提供参考。

本章参考文献

[1] 布雷迪,布朗.地下采矿岩石力学[M].3版.北京:科学出版社,2011.

[2] GESTA P,KERISEL J,LONDE P. Tunnel stability by convergence-confinement method [J]. Underground space,1980,4(4):225-232.

[3] PANET M. Stability analysis of a tunnel driven in a rock mass taking account of the post-failure behavior [J]. Rock mechanics,1976,8(4):209-223.

[4] PANET M,GUENOT A. Analysis of convergence behind the face of a tunnel[J]. International journal of rock mechanics and mining sciences & geomechanics abstracts,1983,20 (1):A16.

[5] PANET M,GUENOT A. Analysis of convergence behind the face of a tunnel[C]//Tunnelling '82,Proceedings of the 3rd International Symposium. Brighton:[s. n.],1982.

[6] CORBETTA F,NGUYEN M D. Steady state method for analysis of advancing tunnels in elastoplastic and viscoplastic media[C]//Proceedings of the International Symposium on Numerical Models in Geomechanics. Swansea:CRC Press,1992:747-756.

[7] CHERN J C,SHIAO F Y,YU C W. An empirical safety criterion for tunnel construction [C]//Procedings of Regional Symposium on Sedimentary Rock Engineering. Taipei: [s. n.],1998:222-227.

[8] PANET M. Two case histories of tunnels through squeezing rocks[J]. Rock mechanics and rock engineering,1996,29(3):155-164.

[9] LEE Y K,PIETRUSZCZAK S. A new numerical procedure for elasto-plastic analysis of a circular opening excavated in a strain-softening rock mass[J]. Tunnelling and underground space technology,2008,23(5):588-599.

[10] 郑颖人,孔亮.岩土塑性力学[M].北京:中国建筑工业出版社,2010.

第 7 章　复合软岩顶板锚固效应解析及载荷传递规律分析

　　西部矿区弱胶结软岩巷道顶板多以复合型软岩为主,其典型特征是:岩体自身属弱胶结软岩,强度较低,极不稳定,而且各软岩层黏结强度较差。全长黏结锚固作为一种被动支护方式,其锚固力随着围岩变形而发展。巷道开挖后,顶板围岩除产生较显著的垂直位移之外,由于顶板的下沉弯曲导致各岩层之间会沿着软弱层理面产生水平方向的剪切滑移,这使得锚杆除承受轴向力之外,还受横向力作用,容易发生折弯破坏。除此之外,锚固剂和岩体之间还存在摩擦剪应力,这意味着在含软弱层理面的复合型软岩中,锚固效应机理和失效机制更加复杂。目前对于单一岩体中锚杆的载荷传递机理和锚固效应研究已取得了较多的研究成果,本章将针对含软弱层理面的复合软岩体的锚固效应和载荷传递规律开展理论研究和数值模拟,以期为西部矿区软岩巷道围岩支护提供理论依据。

7.1　穿层锚杆复合软岩加固效应的解析模型

　　本节将针对含软弱层理面复合软岩建立加锚围岩的力学模型,对锚杆的加固效应进行理论解析,提出加固效应指标,并分析穿层锚杆加固效应的参数相关性。

7.1.1　加锚复合软岩顶板的力学模型

　　巷道开挖后,软岩变形过程中由于岩层之间黏结强度较低,势必会造成各岩层之间的横向剪切滑移,因此锚杆会受到较大的横向力作用,为此,建立包含软弱层理面以及两岩层的力学分析模型,如图 7-1(a)所示。不失一般性,设锚杆与层理面方向夹角为 θ。

　　图 7-1 中,F 为由于软岩体 1 和软岩体 2 层理面剪切滑移而作用在锚杆上的横向力,σ_n 为法向应力,τ_s 为层理面的抗剪强度。与单一介质岩体中锚杆受力所不同,复合岩体中锚杆既承受横向力,又产生轴向变形。很显然,层理面位置锚杆的横截面上承受最大的横向剪力作用,设该位置锚杆横截面上的平均剪

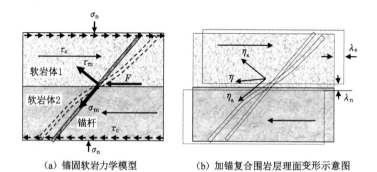

（a）锚固软岩力学模型　　　（b）加锚复合围岩层理面变形示意图

图 7-1　穿层锚杆的锚固力学模型

应力和轴向应力分别为 τ_m 和 σ_m。

锚杆承受弯曲变形时,横截面上的剪应力分布比较复杂,如图 7-2 所示,设锚杆交界面为圆形,在剪力 F_s 作用下,沿高度方向剪应力呈抛物线分布,在中性轴处的直径线上剪应力达到最大,设为 τ_{max}。则其与平均剪应力 τ_m 的关系为 $\tau_{max} = 4\tau_m/3$。

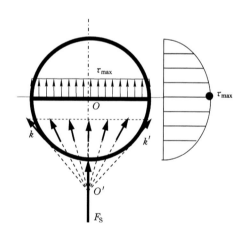

图 7-2　圆形锚杆在剪力作用下横截面上的剪应力分布

7.1.2　含层理面复合软岩体加固效应分析

已有研究结果表明[1-6],穿层锚杆的横向剪切变形并不只发生在层理面上,而是在包含层理面的某一区域内。设该区域内锚杆的长度为 a_s,锚杆在层理面附近由于弯曲而产生显著轴向变形的区段长度为 a_n。

锚杆对复合岩体的加固效应影响表现在两个方面:一是增加了层理面附近

岩体的法向应力;二是提高了层理面的抗剪强度。设原层理面的抗剪强度为:

$$\tau_s = \sigma_n \tan \varphi_s + C_s \tag{7-1}$$

式中,φ_s 为层理面的内摩擦角,C_s 为层理面的黏结强度。采用等效方法,假设单根锚杆对岩体的作用均匀分布在锚固区域内。设锚杆的横截面面积为 A_m,锚杆作用区域内岩层的等效横截面面积为 A_s。利用图 7-1(a)可得锚杆作用在岩层上的等效法向应力和切向应力为:

$$\begin{cases} \sigma_{rm} = \dfrac{\sigma_m A_m \sin \theta}{A_s} - \dfrac{\tau_m A_m \cos \theta}{A_s} \\ \tau_{rm} = \dfrac{\sigma_m A_m \cos \theta}{A_s} + \dfrac{\tau_m A_m \sin \theta}{A_s} \end{cases} \tag{7-2}$$

显然,锚杆的锚固效应对两岩体间层理面的抗剪强度影响最大。因此,可采用安设锚杆前后层理面的抗剪强度的相对增加量来度量加固效应。设锚固后层理面的抗剪强度提高为 τ_{SI},定义锚固效应因子为:

$$\xi = \frac{\tau_{SI} - \tau_S}{\tau_S} \tag{7-3}$$

式中,$\tau_{SI} = \tau_S + \tau_{rm} = (\sigma_n + \sigma_{rm}) \tan \varphi_s + C + \tau_{rm}$。显然,$\xi$ 越大,锚固效应越明显。

图 7-1(b)为加锚复合围岩层理面变形示意图,其中 λ_s 和 λ_n 分别为横向剪切变形和法向变形,η_s 和 η_n 分别为锚杆产生的横向变形和轴向变形。设层理面的法向刚度系数和切向刚度系数分别为 K_n, K_s。则层理面应力和变形的关系为:

$$\sigma_n = K_n \lambda_n, \tau_s = K_s \lambda_s \tag{7-4}$$

锚杆两个方向的变形与锚杆应力关系为:

$$\eta_s = \int_0^{a_s} \frac{4}{3} \frac{\tau_m}{G_m} dl, \eta_n = \int_0^{a_n} \frac{\sigma_m}{E_m} dl \tag{7-5}$$

式中,G_m 和 E_m 分别为锚杆的剪切弹性模量和弹性模量。式(7-5)的积分结果取决于在锚固区锚杆横截面上的剪应力和轴向应力分布,设两者在锚固段均为线性分布,则:

$$\eta_s = \Phi_s a_s \frac{\tau_m}{G_m}, \eta_n = \Phi_n a_n \frac{\sigma_m}{E_m} \tag{7-6}$$

式中,Φ_s, Φ_n 与锚固段锚杆横截面内平均剪应力和轴向应力的分布函数有关。利用图 7-1(b)中锚杆变形与层理面变形的关系可得:

$$\begin{cases} \lambda_n = \eta_n \sin \theta - \eta_s \cos \theta \\ \lambda_s = \eta_n \cos \theta + \eta_s \sin \theta \end{cases} \tag{7-7}$$

联立式(7-2)、式(7-4)、式(7-6)和式(7-7),并利用关系 $\sigma = \sigma_n + \sigma_{rm}, \tau_{SI} = $

$\tau_S + \tau_{rm}$，可得层理面上的法向和切向应力分别为：

$$\begin{cases} \sigma = (K_n + \bar{E}_m)\eta_n \sin\theta - (K_s + \bar{G}_m)\eta_s \cos\theta \\ \tau_{SI} = (K_s\eta_n + \bar{E}_m\eta_n - \bar{G}_m\eta_s \tan\varphi_s)\cos\theta + (K_s\eta_s + \bar{E}_m\eta_n \tan\varphi_s + \bar{G}_m\eta_s)\sin\theta \end{cases}$$

$$(7\text{-}8)$$

式中，$\bar{E}_m = \dfrac{A_m E_m}{A_s \Phi_n a_n}$，$\bar{G}_m = \dfrac{3A_m G_m}{4A_s \Phi_s a_s}$，分别与锚杆的拉压支护刚度和剪切支护刚度有关。

可见，均匀化锚杆的刚度贡献由两部分组成，即锚杆轴向刚度效应和锚杆沿弱面抗剪刚度效应（即"销钉"效应）。利用式(7-8)解得锚杆位移为：

$$\begin{cases} \eta_n = \dfrac{A_1\sigma + A_2\tau_{SI}}{A} \\ \eta_s = \dfrac{A_3\sigma + A_4\tau_{SI}}{A} \end{cases}$$

$$(7\text{-}9)$$

式中：

$A_1 = (K_s + \bar{G}_m)\sin\theta - \bar{G}_m \tan\varphi_s \cos\theta, A_2 = (K_n + \bar{G}_m)\cos\theta$，

$A_3 = (K_n + \bar{E}_m)\sin\theta, A_4 = -(K_s + \bar{E}_m)\cos\theta - \bar{E}_m \tan\varphi_s \sin\alpha$，

$A = K_n K_s + \bar{E}_m \bar{G}_m + \bar{G}_m(K_n\sin^2\theta + K_s\cos^2\theta) + \bar{E}_m(K_s\sin^2\theta + K_n\cos^2\theta) +$

$\qquad \dfrac{1}{2}(\bar{E}_m - K_n)\bar{G}_m \tan\varphi_s \sin 2\theta$

将式(7-6)代入式(7-7)得锚杆应力与层理面变形量之间的关系为：

$$\begin{cases} \sigma_m = \dfrac{\bar{E}_m A_s}{A_m}(\lambda_s\cos\theta + \lambda_n\sin\theta) \\ \tau_m = \dfrac{\bar{G}_m A_s}{A_m}(\lambda_s\sin\theta - \lambda_n\cos\theta) \end{cases}$$

$$(7\text{-}10)$$

综合利用式(7-3)、式(7-7)、式(7-8)和式(7-10)得锚固效应因子为：

$$\xi = \frac{\bar{E}_m(\lambda_s\cos\theta + \lambda_n\sin\theta)(\sin\theta\tan\varphi_s + \cos\theta) + \bar{G}_m(\lambda_s\sin\theta - \lambda_n\cos\theta)(\sin\theta - \cos\theta\tan\varphi_s)}{\left\{\left[(K_n + \bar{E}_m)\sin\theta - \dfrac{\bar{E}_m A_s}{A_m}\right](\lambda_n\sin\theta + \lambda_s\cos\theta) - (K_s + \bar{G}_m)(\lambda_s\sin\theta - \lambda_n\cos\theta)\cos\theta\right\}\tan\varphi_s + C_s}$$

$$(7\text{-}11)$$

由式(7-11)可见，穿层锚杆的加固效应与锚杆的刚度参数、几何参数，以及围岩的刚度参数和几何参数有关。由于两岩体间的位移随着应力状态改变而不断变化，围岩位移的改变势必会引起锚杆的应力分布改变，从而改变加固效应。因此锚固效应因子并不是常数，而是一个随着围岩工作状态改变而变化的量。

因为锚杆存在强度极限，所以锚固效应因子存在上限值。设锚杆的屈服条

件满足米泽斯(Mises)屈服准则,即:

$$\sqrt{\sigma_m^2 + \frac{4}{3}\tau_m^2} = [\sigma_s]$$ (7-12)

将式(7-10)代入式(7-12)得使锚杆处于临界屈服状态时两岩体刚度参数、几何参数、变形量及锚杆参数满足的方程,即:

$$\sqrt{[\bar{E}_m(\lambda_s\cos\theta + \lambda_n\sin\theta)]^2 + \frac{4}{3}[\bar{G}_m(\lambda_s\sin\theta - \lambda_n\cos\theta)]^2} = \frac{A_m}{A_s}[\sigma_s]$$

(7-13)

7.1.3　含层理面复合软岩体锚固效应失效分析

由式(7-13)可知,随着两岩石沿层理面的剪切滑移量和法向位移不断增大,锚杆限制滑移的抗剪切能力将达到极限值,此时,锚杆本身将会发生区服。锚杆失去抗剪切能力后,杆体与周围注浆体或者是注浆体与岩石之间将会发生黏滑。此外,软弱岩层的离层位移过大可导致锚杆承受过大的拉力而失效。图 7-3 为复合软岩中锚杆的两种失效形式。图 7-3(a)为软岩大变形或者岩层里面产生过大的离层,导致锚杆承受轴力过大而产生拉伸失效;图 7-3(b)为锚杆在层理面附近产生弯曲变形,在复杂应力状态下弯曲失效。

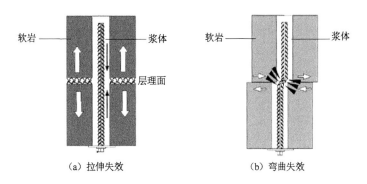

图 7-3　复合软岩体中锚杆的两种失效形式

Jalalifar 等[7]利用有限元分析软件 ANSYS 建立了穿层锚杆的力学分析模型,分析了锚杆由于层理面剪切滑移而产生的横向弯曲问题。图 7-4 为含层理面岩体的锚固分析有限元模型。其中岩体和注浆体采用 SOLID65 单元,锚杆采用 SOLID95 实体单元,锚杆直径为 22 mm,注浆体直径为 27 mm。通过在注浆体/锚杆和岩体/注浆体之间建立接触对以模拟交界面的载荷传递以及失效行为。模型尺寸为 302 mm×150 mm×150 mm。

图 7-5(a)为利用有限元模型计算得到的锚杆的轴向应力分布云图。锚杆由

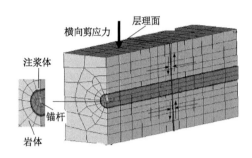

图 7-4　含层理面岩体的锚固分析有限元模型

于层理面的剪切滑移产生了明显的弯曲变形,并且以层理面为界,两侧的弯曲应力分布恰好相反,在右侧部分,顶部为拉伸区,底部为压缩区,在左侧部分,拉压区分布恰好相反。此外,锚杆横截面上的最大轴向应力并不在层理面处,而是在靠近层理面一定距离处。

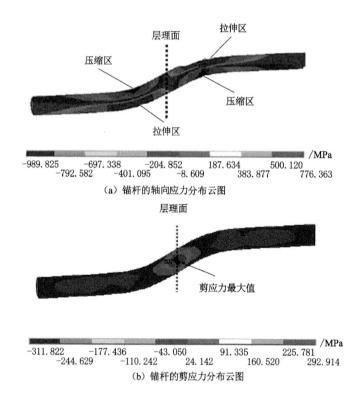

图 7-5　锚杆的应力分布云图

图 7-5(b)为锚杆的剪应力分布云图。最大剪应力集中在层理面中心位置，即中性轴处。对比图 7-5 可知该截面的弯矩很小，接近于 0。从层理面中部到锚杆端部剪应力迅速衰减。由于锚杆处于复杂应力状态，其轴向应力和剪应力的极值点并不在同一位置。

图 7-6 为锚杆横截面的应力分布对比。由图可见，最大剪应力在中心位置，即层理面处，由于轴向应力比剪应力要大很多，所以 Mises 应力和轴向应力的最大值均出现在距离中心 30.2 mm 处。

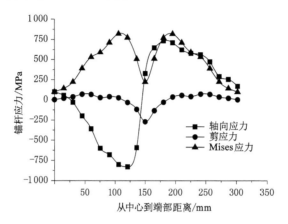

图 7-6　锚杆横截面的应力分布对比

图 7-7 为 Hossein 等利用数值模拟结果和试验结果得到的水泥浆和锚杆发生脱黏破坏对比。由于锚杆在层理面附近一定区域产生明显的弯曲变形，导致水泥浆中出现很大的拉伸应力，实际上水泥浆破坏的位置即锚杆 Mises 应力最大的位置。上述数值计算结果验证了前面理论推导有关分析的合理性。

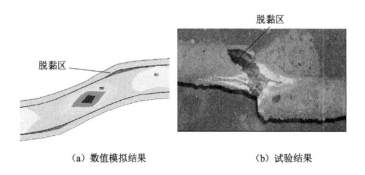

（a）数值模拟结果　　　　　　（b）试验结果

图 7-7　锚杆和水泥浆之间的脱黏破坏

图 7-8 为层理面附近软岩体的破坏区。在层理面附近,由于锚杆存在较明显的弯曲变形,因此会使岩体承受很大的应力,若岩体强度较低,尤其是为弱胶结软岩时,该应力将会超过其屈服极限,造成层理面附近岩体中出现破坏区。

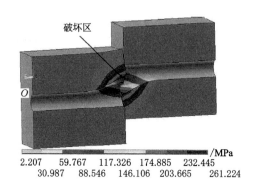

图 7-8 层理面附近软岩体的破坏区

7.2 不同软硬组合下复合软岩顶板锚固载荷传递规律

锚杆的锚固机理及失效机制与众多因素有关,如围岩的地质条件、层理面位置、接触状态、埋深、应力水平和锚杆参数等。大量的试验和现场结果表明,复合型软岩中锚固体失效存在以下三种形式:一是锚杆承受过大的轴力而被拉断;二是岩层之间产生较大的剪切滑移使锚杆在层理面附近承受过大的剪力而发生折弯破坏;三是锚杆沿锚固剂和围岩交界面发生剪切滑移而被破坏。

锚固载荷传递机理研究有助于进一步分析锚固失效和进行巷道支护设计。鉴于复合软岩顶板模型的复杂性,很难采用解析方法得到理论解析解。以下作者采用数值模拟手段对复合软岩顶板中锚固体的载荷传递机理进行分析,并进一步讨论锚固失效的影响因素。

7.2.1 计算模型

目前国内外很多学者已经分别采用有限元、离散元、边界元和有限差分等数值手段对地下结构稳定性以及锚固效应进行了分析,并建立了相应的计算模型。在通用软件中,有限元软件 ABAQUS 和有限差分软件 FLAC[3D] 在分析岩土问题方面最具优势。然而,由于有限元方法对求解条件,如网格划分、边界条件、接触参数设置等都极其敏感,需要经过多次调试才能使问题收敛,代价较高,也难以实现离层分析。因此,本书将采用有限差分手段进行分析。

FLAC³ᴰ中提供了可模拟锚固效应的锚索单元,然而该单元只提供了锚固体的轴向强度,即轴向拉压和水泥浆的抗剪强度,无法反映结构体的横向抗剪切变形能力,因此 FLAC³ᴰ不适用于本问题。相比而言,采用桩单元来模拟更为合理。桩单元组合了梁单元和锚索单元的作用,可较全面地描述复合软岩中锚固体的受力:采用切向耦合弹簧反映灌浆锚杆的切向作用,采用法向耦合弹簧模拟锚杆承受的横向载荷。桩单元节点和围岩单元节点之间可传递力和弯矩。顶板岩层间的软弱层理面采用无厚度接触单元模拟,以全面反映各岩层之间的离层和剪切滑动。为进行机理研究,本书建立了如图 7-9 所示的复合软岩顶板锚固分析模型。

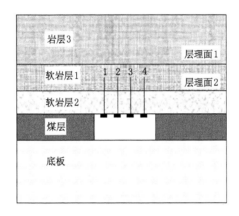

图 7-9　复合软岩顶板锚固分析模型

参照有关西部地区地质勘探资料和室内试验数据,各岩层计算参数见表 7-1,层理面参数设置见表 7-2。

表 7-1　各岩层计算参数

岩层	弹性模量/GPa	泊松比	黏聚力/MPa	内摩擦角/(°)	拉伸强度/MPa	厚度/m
上覆岩层	4	0.250	4	44	1.11	5
软岩层 1	4	0.250	4	40	1.11	2
软岩层 2	1	0.270	1	35	0.40	2
煤层	1	0.272	1	30	0.20	2
下覆岩层	4	0.250	4	44	1.11	9

表 7-2　层理面参数设置

层理面	法向刚度/(GPa/m)	切向刚度/(GPa/m)	黏聚力/MPa	内摩擦角/(°)
层理面 1	4	4	1	30
层理面 2	3	3	1	25

巷道尺寸为长×宽＝4 m×2 m,锚杆间距为 1 m、长度为 3 m、直径为 25 mm。桩单元的计算参数见表 7-3。

表 7-3　桩单元的计算参数

介质	弹性模量/GPa	泊松比	剪切耦合弹簧刚度/(N/m²)	剪切耦合弹簧内摩擦角/(°)	剪切耦合弹簧黏聚力/(N/m)	法向耦合弹簧刚度/(N/m²)	法向耦合弹簧内摩擦角/(°)	法向耦合弹簧黏聚力/(N/m)	外圈长度/m
桩单元	40	0.3	1.3×10^9	30	2×10^6	1.3×10^9	30	4×10^6	0.188

7.2.2　岩层赋存状态对锚杆轴力的影响

全长黏结锚杆的载荷传递与围岩的岩性和岩层的赋存状态有密切关系。以下分析不同的岩层赋存状态下(不同的软硬组合)锚固体的载荷传递规律。根据表 7-1 所列软岩层材质参数,将软岩层 1 定义为硬层(S),软岩层 2 定义为软层(W)。这样两软岩层可组合为四种软岩复合顶板的赋存状态,即 SS 型、SW 型、WS 型和 WW 型。初始应力只考虑自重应力。靠近巷道角点的锚杆 1 和锚杆 4 由于岩层间的剪切滑移将承受较大的剪力。顶板岩层之间由于产生离层,巷道顶板中部垂直变形量最大,导致锚杆 2 和锚杆 3 承受较大的轴力和浆体-围岩界面剪应力。根据对称性,选择锚杆 1 作为剪力监测对象,锚杆 2 作为轴力和剪应力监测对象。

图 7-10 为不同岩层赋存状态下锚杆轴力分布。不同岩层赋存状态下,在靠近巷道的岩层中锚杆轴力均呈现以下分布规律:锚杆轴力从锚固近端逐渐增大,然后保持不变,最后在层理面附近达到最大值。各模型中均有一段锚杆轴力为均匀分布,而且均匀分布范围随岩层赋存状态变化而改变。对于 SS 型和 WW 型,锚杆轴力最大值均出现在两岩层交界面附近,其中 SS 型锚杆最大轴力为 115 kN,均匀分布范围为 0.3～1.2 m;WW 型锚杆最大轴力为 210 kN,均匀分布范围为 0.6～1.6 m;WS 型锚杆最大轴力为 145 kN,出现在 2.02 m 处,轴力均匀分布范围与 SS 型大致相同;SW 型锚杆最大轴力为 185 kN,出现在 1.95 m 处,轴力均匀分布范围与 WW 型大致相同。四种岩层赋存状态下锚杆轴力最大

值均出现在两岩层层理面附近,这是岩层之间产生离层使该处产生较大的垂直位移所致,其中以 WW 型岩层间离层量和顶板垂直位移最大,因而锚杆产生的轴力最大。在第二岩层中,四种组合下锚杆轴力均从层理面 1 附近的最大值急速衰减,其中 SS 型和 WS 型锚杆轴力在远端衰减为 0,而 SW 型和 WW 型锚杆在远端仍承受较大的轴力,分别为 57.68 kN 和 62.73 kN,在第二岩层中均未出现轴力均匀分布段。

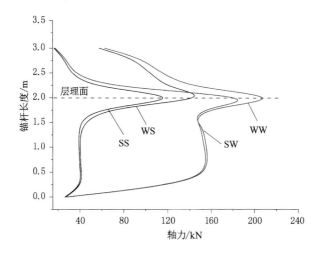

图 7-10　不同岩层赋存状态下锚杆轴力分布

7.2.3　岩层赋存状态对锚杆剪力的影响

顶板各岩层沿层理面的剪切滑移使得锚杆承受剪力,图 7-11 为不同岩层赋存状态下锚杆承受的剪力分布。四种岩层赋存状态下,剪力均在层理面附近产生急剧增加,然后迅速衰减,在层理面附近的两岩层内剪力方向相反。层理面上的最大剪力:SS 型为 341.9 N,SW 型为 411.3 N,WS 型为 193.8 N,WW 型为 349.5 N。其中,SW 型锚杆承受的剪力最大,WS 型锚杆承受的剪力最小。锚杆在锚固区的这一承载特点在单一介质岩体中是不可能出现的。这说明在软硬不同介质岩体中,锚杆的锚固失效更加复杂,有可能由于横向折弯而产生弯曲破坏。这种破坏是否发生与各岩层间的黏结状态密切相关。若层理面黏结强度较高,则岩层间不易发生剪切滑移,锚杆承受的横向载荷会比较小;反之,若层理面黏结强度较低,各岩层将沿层理面产生较大的水平滑移运动,从而促使锚杆失效。

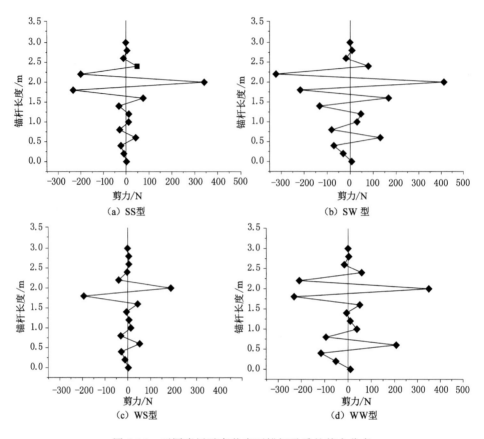

图 7-11 不同岩层赋存状态下锚杆承受的剪力分布

7.2.4 岩层赋存状态对锚固体界面剪应力的影响

围岩岩性对锚固体界面的剪应力分布具有重要影响。大量的拉拔试验表明，在拉拔力作用下，锚固体界面剪应力将从锚固近端到远端呈指数衰减规律分布。然而，从现场监测数据来看，沿全长黏结锚杆的长度方向存在一个使剪应力方向转换的界点，即中性点。以中性点为分界点的两围岩区域分别称为黏结区和锚固区。由于中性点理论比较合理地解释了地下工程围岩与锚杆的相互作用机制，在锚固理论发展中得到了广泛的认可。Tao 等[8]对应变软化围岩中全长黏结锚杆的力学行为进行了研究，并给出了全长黏结锚杆中性点的位置计算理论公式，即：

$$\rho = \frac{L}{\ln(1+L/a)} \tag{7-14}$$

式中，ρ 为锚杆中性点到巷道中心的距离，L 为锚杆长度，a 为巷道半径。

从图 7-12 来看，不同岩层赋存状态下，锚固体-围岩界面剪应力分布遵循同样的规律。四种岩层赋存状态下，剪应力在层理面附近的岩层中方向发生突然改变且出现最大值，导致该区域锚固体界面的位移在两岩层中出现非协调变形。同时，对 SW 型和 WW 型，在靠近巷道的软岩体中还存在另外一个中性点。四种赋存状态在软岩体中均存在剪应力近似为 0 的锚固区段。从结果看，四种赋存状态下锚固体界面剪应力的最大值：SS 型为 2.4 MPa，SW 型为 3.86 MPa，WS 型为 2.61 MPa，WW 型为 2.51 MPa。

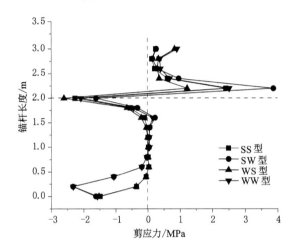

图 7-12　不同岩层赋存状态下锚固体-围岩界面剪应力分布

7.3　层理面位置对复合软岩顶板锚固体载荷传递影响

层理面由于黏结强度较弱，巷道开挖后，顶板软岩层容易沿该面产生水平方向的剪切滑动和垂直方向的离层，因此其赋存位置对锚固体受力影响很大。以下以图 7-9 中 SW 模型为基础，设顶板软岩层 1 和软岩层 2 总厚度为 6 m，锚杆长度为 5 m，分析当软岩层 1 厚度 h 分别取 1~5 m（间隔 1 m）时，锚固体承受的载荷分布规律。

7.3.1　层理面位置对锚杆轴力的影响

图 7-13 为锚杆轴力随层理面位置的变化规律。层理面取不同位置时，锚杆轴力从锚固近端到远端均呈现先增大后减小的变化趋势，变化拐点均在 0.6 m 处，但

在下降段层理面位置轴力出现突跳,这是由该位置岩层离层产生过大的竖向位移造成的。当软岩层1厚度小于1 m时,锚杆轴力呈先增大后减小的变化趋势;当该厚度大于1 m时,锚杆轴力分布呈现增大—减小—突跳—迅速减小的变化趋势,在层理面上方的软岩层2中产生了急剧衰减,而且在该范围内,锚杆轴力分布基本重合,只在层理面附近有较大差别。当软岩层1厚度取5 m时,由于锚杆不穿越层理面,所以锚杆轴力沿锚杆长度呈现先增大后减小的连续变化规律。层理面位置取1~5 m(间隔1 m)时,锚杆轴力的最大值分别为183 kN、168 kN、155 kN、155 kN、155 kN。当软岩层1厚度取3 m和4 m时,在层理面处轴力有突跳,该处轴力分别为144 kN和117 kN,并不是锚杆全长上的最大值。

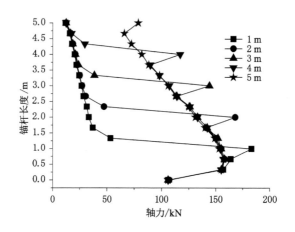

图7-13 锚杆轴力随层理面位置的变化规律

从以上分析来看,若锚杆穿越层理面,则其轴力对软岩层1的厚度极其敏感。从轴力分布来看,锚杆的锚固作用主要作用在该岩层。当软岩层1的厚度小于1 m时,锚杆轴力最大值出现在层理面位置,当该厚度大于1 m时,锚杆轴力最大值并不在层理面,而是出现在距离巷道上方1.05 m处,这是因为随着软岩层1厚度的增加,离层量减小。

7.3.2 层理面位置对锚杆剪力的影响

层理面的存在导致巷道开挖后各岩层沿该弱面产生横向剪切滑动,当锚固体穿越该剪切滑动面时,会受到由于岩层横向运动而施加的剪力作用,图7-14为层理面不同位置时锚杆剪力的分布规律。锚杆剪力主要是由于岩层的水平运动产生的,除此之外,软岩层1由于离层而产生较大的弯曲变形,也会使锚杆承受一部分剪力。当h分别取1 m、2 m、3 m、4 m时,锚杆承受的剪力最大值均出现在层理面位置,软岩层 2 内锚杆承受很小的剪力,可忽略不计。由于两岩层剪切滑移方向相反,导致层理面处极小长度范围内承受方向相反的剪力,极易造成锚杆的折弯失效。从图 7-14 可得,锚杆承受的最大剪力依次为 73.75 N、65.3 N、70.81 N、82.81 N、40.62 N,分布规律较为复杂。

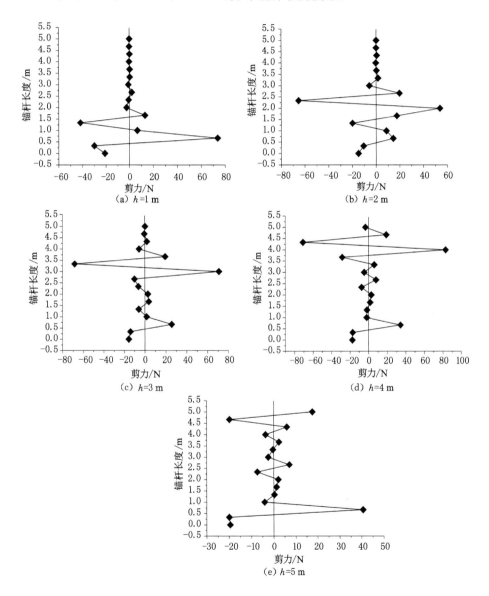

图 7-14　层理面不同位置时锚杆剪力的分布规律

7.3.3 层理面位置对锚固体-围岩交界面剪应力的影响

图 7-15 为锚固体-围岩交界面剪应力随层理面位置的变化。从分布规律看,五种情况下,剪应力均从锚固近端的负值逐渐向远端增大为正值,然后基本保持不变,正负值交替的拐点均在 0.6 m 处,结合图 7-13 轴力分布,该位置恰好出现最大轴力,所以在锚杆长度上该点即为中性点。当锚杆穿越层理面时,在层理面附近剪应力出现正-负、负-正交替突变,实际上轴力在剪应力正负交替拐点也存在突跳,因此该两点可视为第二和第三中性点。此外,层理面附近的突跳负值最大剪应力在层理面上,而正值最大剪应力在层理面的软岩层 2 中,如图 7-15(a)~(d)四种情况下均在距离层理面上方 0.33 m 处。

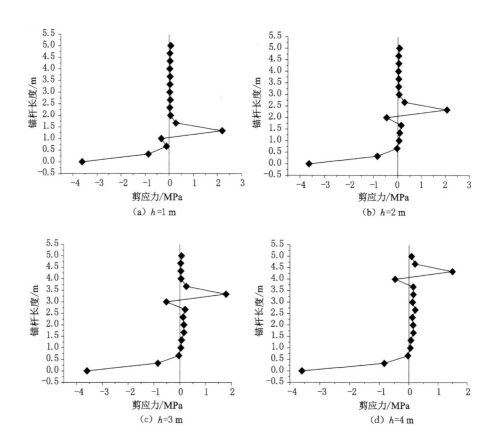

图 7-15 锚固体-围岩交界面剪应力随层理面位置的变化

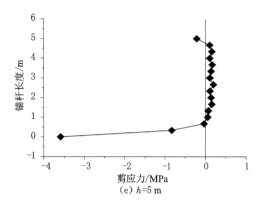

(e) h=5 m

图 7-15(续)

7.4　应力水平对复合软岩顶板锚固体载荷传递影响

应力水平将决定围岩开挖后的应力状态,尤其对复合软岩的离层和水平剪切滑移具有重要影响。以下仍以图 7-9 中 SW 模型为基础,设顶板软岩层 1 和软岩层 2 厚度分别为 3 m,锚杆长度为 4 m,当只考虑自重应力和水平应力系数 k_x 分别设置为 1,2,3 时,监测锚固体承受的载荷。

7.4.1　应力水平对锚杆轴力的影响

图 7-16 为锚固体轴力随应力水平的变化。随着水平应力的增加,锚杆承受的轴力明显增大。当只考虑自重应力时,在层理面位置(3 m 处)轴力出现明显的突跳,并且该处轴力在全长范围内最大;而当水平应力逐渐增大时,该处轴力突跳现象消失,轴力从锚固近端到远端呈先增大后减小的连续变化规律。在这四种情况下,锚杆承受的最大轴力依次为 171.5 N、247.94 N、664.44 N、1 136.8 N。当考虑水平应力作用时,锚杆最大轴力均出现在距离锚固近端 0.6 m 处。

轴力随水平应力显著增大的原因主要有两方面:一是水平应力增大将加剧复合软岩顶板的变形,由于全长黏结锚杆受力依赖变形而发展,因此变形的增大势必会增加锚杆的受力;二是水平应力的增大会增加锚固体-围岩交界面的法向相互作用力,使围岩传递给锚固体的轴力增加。

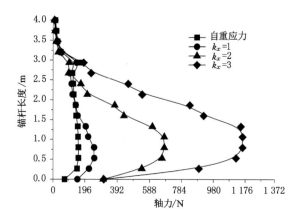

图 7-16 锚固体轴力随应力水平变化

7.4.2 应力水平对锚杆剪力的影响

图 7-17 为锚固体-围岩交界面剪力随应力水平的变化规律。随着水平应力的增加,将加剧复合软岩顶板各岩层间的剪切滑移,导致在层理面附近锚固体产生比较大的横向变形,从而承受更大的剪力。当只考虑自重应力时,层理面附近锚固体承受的剪力要大于锚固近端的剪力;而当考虑水平应力后,层理面附近锚固体承受的剪力要小于锚固近端承受的剪力。在这四种情况下,锚固体承受的最大剪力分别为 202 N、261 N、833 N、1 398 N。

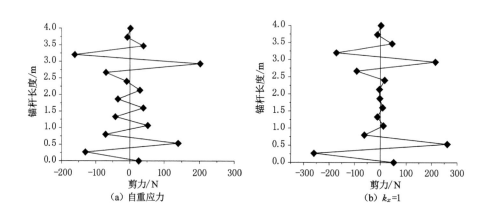

图 7-17 锚固体-围岩交界面剪力随应力水平变化

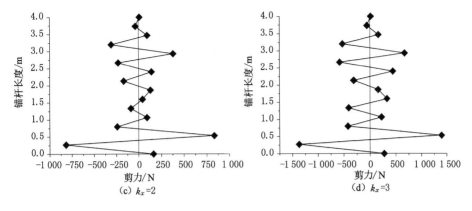

图 7-17（续）

7.4.3　应力水平对锚固体界面剪应力的影响

当水平应力增大时,锚固体-围岩交界面的法向接触应力增大,因此界面传递的切向剪应力也会增加,如图 7-18 所示。在锚固近端,由于软岩层 1 产生离层,该处存在最大的垂直位移,导致锚固体承受最大的剪应力。当只考虑自重应力和水平应力系数 $k_x = 1$ 时,锚固体在层理面附近出现剪应力正负向突跳,随着水平应力的增加,这种突跳变得不明显,但在中性点之后,出现较大的正向波动。从中性点理论来看,当水平应力系数 $k_x \leqslant 1$ 时,锚杆存在三个中性点,分别分布在锚固近端 0.6 m 处,以及层理面两侧的软岩层内,而当水平应力系数 $k_x > 1$ 时,层理面附近的中性点消失,只剩锚固近端的一个中性点。

以上分析了岩层赋存状态、复合软岩层理面位置和应力水平对锚固体载荷传递的影响以及锚固体可能的失效规律。实际上,锚固体与围岩之间的载荷传递还受锚杆参数,如锚固长度、锚固半径、锚固体-围岩接触性质以及层理面黏结状态等因素影响,这些问题在单一介质岩体锚固中已经进行过较多分析,由于篇幅原因,本书未作讨论。从现有分析结果可以看出,复合软岩顶板锚固体承受的载荷(轴力、剪力、剪应力)与软岩层 1 的变形具有很强的关联性,垂直位移将传递锚杆轴力,水平剪切滑动位移将使锚杆承受横向剪力,而软岩层 1 的位移与复合顶板的软-硬组合状态、岩层厚度以及应力水平等均有关。

复合软岩顶板中锚固失效可归结为三类:一是轴向拉伸屈服失效。失效点是出现在层理面附近还是锚固近端中性点处,与围岩赋存应力水平和软岩层 1 的厚度(即层理面位置)有关;二是锚固体由于承受过大的横向力而产生剪切失效。横向力是由于层理面两侧的岩层产生横向剪切滑移而产生的,因此此类破坏发生与否与层理面的黏结状态以及水平应力有很大关系;三是锚固体-围岩交

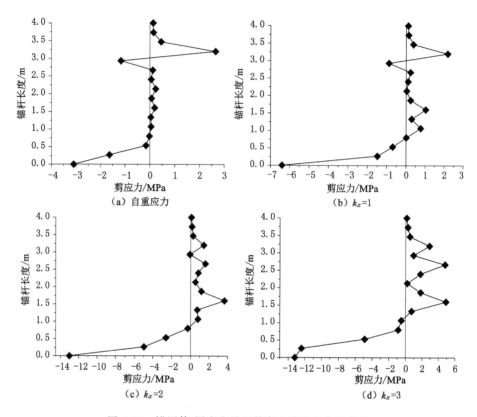

（a）自重应力　　　　　　　　（b）$k_x=1$

（c）$k_x=2$　　　　　　　　（d）$k_x=3$

图 7-18　锚固体-围岩交界面剪应力随应力水平变化

界面的剪切滑移失效。这是在单一介质软岩中常见的失效形式。从以上分析结果可以看出：当只考虑自重应力或水平应力系数较小（$k_x \leqslant 1$）时，锚固体中存在三个中性点；当应力状态以水平应力为主时，中性点变为 1 个。由于软岩层 1 在巷道顶部存在最大的垂直位移，因此锚固体在锚固近端承受较大的剪应力，锚固体从此处开始脱黏，另一个可能发生剪切滑移破坏的位置是在层理面附近。

7.5　本章小结

　　针对西部矿区弱胶结软岩巷道复合软岩顶板特点，本章从加固效应、失效机制、载荷传递影响因素三个方面，对含软弱层理面的复合软岩锚固力学行为进行了分析，主要工作及结论如下：

　　（1）建立了含软弱层理面复合软岩的加锚力学模型，采用均匀化方法将锚杆对围岩的作用力均匀分布在锚固区域岩体内，建立了复合软岩加固效应的解析模型,并提出了加固效应因子,最终建立了该因子的解析表达式,以及锚杆屈服失效与自身参数、围岩物理参数及变形之间的关系。结果表明,穿层锚杆的加固效应与锚杆的刚度参数、几何参数,以及围岩的刚度参数和几何参数有关。锚固效应因子并不是常数,而是一个随着围岩工作状态改变而变化的量。

（2）有关的数值计算结果表明,锚杆在层理面附近由于两岩体的剪切滑移产生了明显的弯曲变形,并且以层理面为界,两侧的弯曲应力分布恰好相反,最大轴向应力并不在层理面位置,而是在一定距离处,相反,锚杆横截面上的最大剪应力在层理面处。锚杆的弯曲变形使层理面附近水泥浆产生脱黏破坏,使其失去与锚杆之间的黏结强度。此外,若岩体强度较弱,则有可能在层理面附近岩体内形成一定范围内的破坏区。

（3）复合软岩顶板锚固体承受的载荷（轴力、剪力、剪应力）与最软弱岩层的变形具有很强的关联性,垂直位移将传递锚杆轴力,而水平剪切滑动位移将使锚杆承受横向剪力,软岩层 1 的位移与复合顶板的软-硬组合状态、岩层厚度以及应力水平等均有关。

本章参考文献

[1] 杨建辉,夏建中.层状岩石锚固体全过程变形性质的试验研究[J].煤炭学报,2005,30(4):414-417.

[2] ROY S,RAJAGOPALAN A B. Analysis of rockbolt reinforcemet using beam-column theory[J]. International journal for numerical and analytical methods in geomechanics,1997,21(4):241-253.

[3] 李术才,朱维申.含充填节理岩体加锚节理面力学特性研究[J].岩土力学,1997,18(增刊8):54-59.

[4] 刘才华,李育宗.考虑横向抗剪效应的节理岩体全长黏结型锚杆锚固机制研究及进展[J].岩石力学与工程学报,2018,37(8):1856-1872.

[5] 李育宗,刘才华.拉剪作用下节理岩体锚固力学分析模型[J].岩石力学与工程学报,2016,35(12):2471-2478.

[6] WANG G,ZHANG Y Z,JIANG Y J,et al. Shear behaviour and acoustic emission characteristics of bolted rock joints with different roughnesses[J]. Rock mechanics and rock engineering,2018,51(6):1885-1906.

[7] JALALIFAR H,AZIZ N. Experimental and 3D numerical simulation of reinforced shear joints[J]. Rock mechanics and rock engineering,2010,43(1):95-103.

[8] TAO Z Y,CHEN J X. Behaviour of rock bolts as tunnel support[C]//International Symposium on Rock Bolting. Rotterdam:A. A. Balkema,1984:87-92.

第8章 结论与展望

8.1 结论

本书通过室内试验分析了弱胶结软岩岩样、煤样的破坏特征和损伤特性，建立了软岩体的损伤本构模型，考虑软岩的峰后刚度劣化，建立了峰后强度演化方程；采用复合岩体的等效模型以及莫尔-库仑屈服准则，建立了煤-岩组合体的宏观强度破坏方程，并对两体在不同接触状态下交界面附近的应力传递和派生情况进行了分析；考虑弱体自身刚度及能量释放，建立了煤-岩共同作用系统产生非稳定破坏的刚度判断准则，并进一步对两体破坏特征与强度和刚度的关联性进行了分析；以西部典型矿区巷道为例，建立了煤-岩复合围岩力学分析模型，分析了复合软岩顶板中软弱岩层的厚度、刚度、强度以及煤-岩刚度匹配对巷道围岩稳定性的影响；以圆形巷道均布锚杆为分析模型，采用叠加原理推导围岩的应力、位移解析解，并建立了加固效应量化分析指标；进一步考虑复合软岩锚固问题，建立了含软弱层理面复合软岩的锚固效应解析模型，采用数值方法分析了穿层锚杆的载荷传递规律及影响因素。所得主要成果如下：

（1）掌握了弱胶结软岩、煤的破坏形态及变形规律，建立了本构关系。

① 由于弱胶结软岩遇水容易崩解、泥化，强度极低，在单轴压缩试验中显现两种破坏模式：一种是高含水率试件显现横胀、崩解，至失稳破坏；另一种是低含水率试件呈现柱状劈裂破坏。在低围压三轴压缩试验条件下，煤和岩石试件均呈现剪切破坏，当围压≥5 MPa 时，却看不到明显剪胀破坏面，而显现整体塑性变形、软化失稳破坏。

② 本书提出的考虑初始损伤和峰后残余强度的统计损伤本构模型能较准确地反映弱胶结软岩试件的峰前弹性、塑性屈服特性和峰后应变软化行为，以及初始损伤对应力-应变曲线的影响，此外修正的弹性模量能较准确地描述峰前弹性模量与围压的关系。

③ 弱胶结软岩峰后弹性模量劣化明显，对峰后强度演化规律具有重要影

响,峰后内摩擦角演化规律主要由应力状态和损伤机制所主导,黏聚力除了与应力水平和损伤机制有关外,还与岩体的塑性变形机制有关。低围压下,峰后强度参数衰减速度较快;随着围压增加,其衰减速度放缓,内摩擦角趋于初始值。残余强度参数随着围压的增加而增大,书中建立的峰后强度参数演化方程可较准确地反映不同围压下考虑刚度劣化时岩体强度的衰减规律,为进一步研究弱胶结软岩巷道的稳定性提供了理论基础。

（2）掌握了弱胶结煤-岩组合体的强度特征及其界面效应影响。

① 假定煤、岩体及等效体均满足莫尔-库仑屈服准则,由此建立的等效体"复合强度准则"可考虑煤、岩交界面影响,分析不同交界面状态下的破坏特征。该准则方程实际上包含了 Jaeger 提出的"单一弱面理论",同时也考虑了"结构面＋不同岩性岩石"的组合岩体模型的强度特征。在低围压下,煤-岩组合体强度呈现明显的各向异性特征,其破坏与煤、岩单体强度参数及尺寸参数有关;高围压下,各向异性程度降低,煤-岩组合体趋向于各向同性体。

② 通过分析两体在交界面区域附近的应力状态和强度特性发现,煤-岩两体弹性常数的不同和交界面的黏结约束作用,将改变该区域附近两体的应力状态,进而改变两体在该区域的抗压强度;当界面倾角不同时,两体刚度比 α 对其强度的影响规律明显不同,因此刚度的影响呈现明显的各向异性特点。煤、岩两体在交界面区域附近的应力状态和强度既取决于两体的刚度比,又与界面倾角有关。书中建立的方程和有关结论既适用于煤-岩组合模型,又适用于不同岩性岩石组合成的三元体模型。

（3）研究了不同界面效应下弱胶结软岩-煤组合体破坏的强度和刚度关联性,提出了灾变破坏准则。

① 一体两介质和两体两介质力学模型下,组合体的破坏特征具有明显的差异。对于一体两介质模型,由于交界面黏结强度较高,剪切带将跨越交界面从弱体延伸到强体中,表现出连续破坏的特点;而对于两体两介质模型,由于交界面黏结强度较低,剪切带无法跨越交界面,表现为局部弱体的破坏。

② 岩体具有应变软化行为是产生非稳定破坏的条件,考虑弱体刚度和自身弹性能释放所建立的非稳定破坏刚度判别准则既包含了强体的刚度,又包含了弱体软化段的劣化刚度,由此得到的弱体产生非稳定性破坏的灾变点比 Cook 提出的刚度判据要提前。

③ 岩-煤组合体的破坏过程与两体的变形速率具有很好的对应关系,两体的突跳点具有"等时双降"特点,该突跳点受两体的刚度和强度匹配影响,其位置会发生变化。利用变形速率突跳点可以捕捉煤-岩组合体的破坏启动信息,变形速率的第一个突跳点即为模型主破裂的启动点,可视为模型破坏启动的前兆信

息,第二个突跳点即为主破裂贯通时机点。两个突跳点的变形速率突跳量在整个破坏波动段均很大,因此具有可识别性,第二个突跳点的突跳量明显大于第一个突跳点的突跳量。

④ R-C^s-M 模型由于交界面强度较高,其最终破坏形态是沿一条起始于煤体而贯通到岩石中的剪切带发生整体剪切破坏;而 R-C^w-M 模型由于交界面强度较低,其破坏首先起始于交界面中部,然后在煤体中发展呈倒"V"形的剪切带(在空间为两个滑动面),剪切带的出现和发展导致交界面上各监测点的位移出现明显的不均匀分布;围压增大对弱化交界面的破坏带"截断"效应不明显。

(4)揭示了煤-岩复合围岩灾变机理,建立了损伤演化方程。

① 半煤-半岩巷道和全煤巷道顶板、两帮、底板变形具有非协同性。半煤-半岩巷道的灾变发展过程可概括为:顶板一定深度处软弱层离层→顶板产生较大的弯曲变形→巷道两帮直墙和拱顶沿层理面剪切滑移→两帮塑性区发展→拱顶塑性区发展→软岩层和靠近临空面顶板岩层在较大拉应力作用下产生损伤破断→顶板突发冒落。全煤巷道的灾变发展过程可概括为:顶板靠近煤巷的细砂岩离层产生整体弯曲变形和底鼓变形→巷道两帮直墙和拱顶向巷道内部挤入→巷道塑性区发展→顶板煤层和岩层整体弯曲变形增大→在较大拉应力作用下产生损伤破断→顶板突发冒落。

② 顶板软弱岩层厚度增大,导致巷道围岩的稳定性变差。软弱泥岩层的刚度是影响顶板离层和顶板位移的决定性因素,特定刚度下,泥岩层强度对顶板位移影响较小;顶板刚度对半煤-半岩巷道的非稳定破坏特征有重要影响。

③ 顶板围岩的弹性模量差异和水平应力作用对围岩的损伤演化具有重要影响。

(5)提出了围岩锚固效应的量化分析模型。

① 通过锚固区和非锚固区围岩的应力和位移解析结果可知,锚杆锚固效应的直接表现是对锚固区(锚杆长度范围内)内围岩径向应力的增加和对巷道位移的控制,而在非锚固区,径向应力与不考虑锚杆作用下的拉梅解是相同的,但位移解有差别。锚固作用下的围岩切向应力和无锚固作用下的围岩切向应力的拉梅解基本相同。

② 考虑到锚杆锚固效应主要表现在锚固区内,采用锚固区围岩应力和位移在锚固前后的变化量来衡量锚杆的锚固效应,建立了三个考察锚杆锚固效应的量化指标。

③ 分析了考虑锚杆承载力时预应力与围岩弹性模量的匹配关系,结果表明,软岩中锚杆的预应力损失比硬岩中锚杆的预应力损失更加严重。

④ 提出了控制围岩塑性区发展的临界支护参数。

（6）建立了复合软岩顶板锚固效应的解析模型，分析了穿层锚杆的载荷传递规律。

① 含软弱层理面的复合软岩锚固效应可采用加固效应因子进行量化。该因子的解析表达式表明，复合岩层锚杆的加固效应与锚杆的刚度参数、几何参数，以及围岩的刚度参数和几何参数有关。锚固效应因子并不是常数，而是一个随着围岩工作状态改变而变化的量。在轴向和横向承载下，锚杆屈服失效既与自身参数和围岩物理参数有关，又与岩体的变形有关。

② 数值计算结果表明，锚杆在层理面附近将产生明显的弯曲变形，而且以层理面为界，两侧的弯曲应力分布恰好相反，最大轴向应力并不在层理面位置，而是在距层理面一定距离处，但锚杆横截面上的剪应力在层理面处最大。锚杆的弯曲变形导致层理面附近水泥浆产生脱黏破坏，使其失去与锚杆之间的黏结强度。此外，若岩体强度较弱，则可能在层理面附近岩体内形成一定范围内的破坏区；复合软岩顶板锚固体承受的载荷（轴力、剪力、剪应力）与岩层赋存状态、应力水平和层理面位置均有关。

8.2　展望

本书采用试验、理论、数值模拟相结合的手段，分析了弱胶结软岩的损伤力学行为，从整体结构效应角度分析了软岩-煤组合体的强度、破坏演化以及非稳定破坏特征，针对软岩大变形，从单一弹塑性介质和含层理面复合软岩两个角度建立了锚杆锚固效应的解析解，并分析了穿层锚杆的载荷传递规律，但仍然存在很多问题需要进一步探讨：

（1）所建立的统计损伤本构方程对于软岩残余阶段的变形特征只在特定参数下才能准确描述，因此需进一步修正；峰后力学参数演化方程虽然考虑了刚度劣化，但是基于线性衰减模式，从试验和数值模拟结果看，该方程还存在一定的误差，需进一步改进。

（2）对煤-岩组合体非稳定破坏的研究，虽然建立了刚度判断准则，但是在实际应用中还比较困难，这种组合并不同于试验机加载系统，从细观和能量角度，分析煤-岩组合体从静态变形、裂隙扩展到破坏，或爆裂失稳的演变规律和机理是下一步工作的重点。

（3）对于软岩体，尤其是初始损伤较严重的岩体取样极其困难，因此书中关于煤-岩组合体的强度破坏理论以及破坏特征数值模拟有关结果缺乏试验验证，这是下一步要解决的问题。

（4）目前 FLAC³ᴰ中的交界面模型为理想弹塑性，需进一步开发交界面的应变软化模型，以更准确地模拟围岩的非稳定破坏以及锚杆的锚固失效；复合软岩顶板的锚固效应机理以及锚固载荷传递规律、锚固失效非常复杂，需进一步开展相关的试验研究。

（5）需从细观角度进一步分析弱胶结软岩的力学本质特征及损伤行为。